Marc McCutcheon

Der Kompaß
in der Nase

und andere erstaunliche Fakten
über uns Menschen

Aus dem Amerikanischen
von Michael Benthack

Illustrationen von Rosanne Litzinger

Kabel

Titel der amerikanischen Originalausgabe:
The Compass in Your Nose and Other
Astonishing Facts about Humans
Jeremy P. Tarcher, Inc., Los Angeles

*Für meine Mutter,
meinen Vater,
Deanna und Dave*

Danksagung

Für ihre besondere Mithilfe bei den Recherchen danke ich Robin und Melanie Abendroth.

Ebenso gilt mein Dank den folgenden Einrichtungen für ihre Unterstützung: Stanford University School of Medicine, Tufts University of Medicine, George Washington School of Medicine, Case Western Reserve University, University of Massachusetts Medical Center, University of Colorado Health Sciences Center, University of Texas Science Center, Penn State University, Emory University School of Medicine, University of California in Los Angeles und San Diego, Duke University Medical Center und der University of Miami School of Medicine.

Inhalt

Einleitung 9
Die Chronologie des Menschen 14

Erster Teil: Unsere unendliche Vielfalt

Unsere Zahl 31
Unsere Rassenzugehörigkeit 42
Unser Geschlecht 55

Zweiter Teil: Unser Geist und unsere Sinne

Unser Gehirn 79
Unsere innere Uhr 95
Unser Schlaf und unsere Träume 101
Unsere Ohren und unser Gehör 113
Unsere Nase und unser Geruchssinn 120
Unsere Augen und unsere Sehkraft 127

Dritter Teil: Unser Körper

Unsere Haut 139
Unser Haar 149
Unsere Knochen und unsere Muskeln 154
Unser Herz und unser Blut 162
Unser Magen und unsere Verdauung 168
Unsere Lungen und unsere Atmung 179

Vierter Teil: Unser Anfang und unser Ende

Unsere Empfängnis und unsere Kindheit 187
Unsere Lebensdauer 201
Unser Tod 216

Einleitung

In den verborgenen Winkeln des menschlichen Körpers befindet sich ein Museum. Es gibt dort viele Relikte zu sehen – verstaubt, schimmelig, bedeckt mit Spinnweben. Vor langer Zeit haben unsere Vorfahren sie zurückgelassen, doch nicht überstürzt, sondern auf dem langen Weg, den man unter dem Namen *natürliche Auslese* kennt. Man kratze an der Patina der Zeiten, und aus den Tiefen der Aussteuertruhe unserer Großmutter kommen diese Relikte zum Vorschein und mit ihnen kurze genetische Tagebuchnotizen, verblaßte Geheimcodekritzeleien und unheimliche und wundersame Andenken.

Am Hals des sich entwickelnden menschlichen Embryos, nahe der Stelle, wo sich bald das lächelnde Gesicht ausformen wird, gibt es auf beiden Seiten zwei eigentümliche und schön geformte Löcher, die ganz deutlich urgeschichtlich aussehen.

Es sind Kiementaschen, nicht Lungensäcke, nicht Augenhöhlen – Kiementaschen.

In den ersten Entwicklungsphasen sind diese Taschen praktisch identisch mit denen des Fischembryos; alle Säugetiere, nicht nur wir Menschen, weisen sie auf. Bei Fischen entwickeln sich diese Taschen funktionsgerecht zu Kiemen, beim Menschen machen sie hingegen eine ganz andere Entwicklung durch. Die Taschen werden genetisch umprogrammiert und bilden das Skelett des Kehlkopfs und die Gesichtsmuskeln.

Doch gelegentlich beschwört der alte Code, der diese rudimentären Taschen schafft, auch eine faszinierende und erschreckende Erinnerung an die Vergangenheit herauf: wie in dem Fall des 9 Jahre alten Mädchens, dem an beiden Seiten seines Halses »Hörner« gewachsen waren. Die Zeitschrift *Science News* berichtete, es handle sich bei diesen Hörnern vermutlich um Reste von Kiemen: »Im Frühstadium der pränatalen Entwicklung hat das Menschenkind Kiemen, so wie

9

ein Fisch. Sind diese Kiemen im Lauf der Entwicklung des Kindes verschwunden, wachsen manchmal Zysten an der betreffenden Stelle. Bleiben die Zysten nach der Geburt bestehen, dann sehen sie aus wie kleine Hörner.« Dem Mädchen wurden die Hörner operativ entfernt, beide waren etwa 1½ Zentimeter lang. Wie sich herausstellte, besaß die Mutter diese Hörner ebenfalls – wie auch andere weibliche Mitglieder der Familie. Die Existenz der Hörner ließ sich bis in die fünfte Generation zurückverfolgen. Auf solche Weise erinnert uns die Natur daran, woher wir kommen und wohin wir gehen.

Im Zuge der Evolution schichten sich neue Fundamente auf alte. Die Theorie, wonach der Embryo die voraufgegangenen Phasen in sich trägt, die unsere Ahnen im Laufe der natürlichen Auslese durchliefen, stellte als erster der Zoologe und Philosoph Ernst Haeckel im 19. Jahrhundert auf, und seither hat sie immer wieder Phasen der Annahme und der Verurteilung durchgemacht. Und dann ist da noch der Lanugo, der Flaum, der sich beim Fötus im Alter von 6 Monaten entwickelt. In *Die Abstammung des Menschen* schreibt Charles Darwin: »[Der Lanugo] bildet sich zuerst auf den Augenbrauen und im Gesicht, insbesondere um den Mund herum, wo die Härchen viel länger sind als auf dem Kopf.« So wie der Schwanz geht auch der Lanugo des Embryos bis auf ganz seltene Ausnahmen vor der Geburt verloren. Der medizinische Fachbegriff für die übermäßige Entwicklung der Körper- und Gesichtsbehaarung, die sich bei manchen Neugeborenen findet, lautet *Hypertrichosis*.

Relikte wie diese finden sich allerdings nicht nur im Mutterleib. Der Körper des Erwachsenen ist das beredte Zeugnis unseres evolutionären Erbes. Zum Beispiel half der Wurmfortsatz, der dem Blinddarm bei Weidetieren entspricht, unseren Vorfahren beim Verdauen der im Gras und in den Pflanzen vorhandenen Zellulose. Die heutige Funktion dieser mit Lymphflüssigkeit gefüllten Ausstülpung ist indes unbekannt.

Ebenso geheimnisvoll ist das Verschwinden des Rhinariums. Dieser feuchte Hautstreifen hing unseren Vorfahren aus der Nase und half ihnen beim Riechen. Das Rhinarium findet sich noch heute bei den meisten Tieren mit feuchter Schnauze. Beim Menschen sind die beiden flachen, senkrechten Wülste zwischen Oberlippe und Nase die einzigen Überreste dieses uralten Körperorgans.

Die meisten Menschen haben bis heute Spurenelemente von Eisen in der Nasenschleimhaut, einen rudimentären Kompaß, der zur Orientierung im Magnetfeld der Erde beitragen kann. Doch anders als bei zahlreichen Tieren, wie beispielsweise Delphinen, Tauben und Bienen, ist uns Menschen offenbar der richtige Gebrauch dieses fabelhaften 6. Sinns abhanden gekommen.

Das menschliche Museum steckt voller faszinierender Relikte wie den oben erwähnten. Lächeln wir, machen wir Gebrauch von den Muskeln, die ursprünglich zum Knurren gedacht waren. Ziehen wir die Augenbrauen hoch, dann benutzen wir die Reste eines Muskels, der vor Jahrmillionen dazu diente, mit der Haut zu »zucken«, wie es manche Tierarten noch heute können. Wackeln wir mit den Ohren, dann beweisen wir auf rudimentäre Weise die Fähigkeit zum Ohrenspitzen – so wie unsere Ahnen, wenn sie Ausschau hielten nach ihren natürlichen Feinden.

Darüber hinaus gibt es das Blutserum, das zu 99 Prozent identisch mit Meerwasser ist... Fingernägel, die sich aus Klauen entwickelt haben... Eckzähne mit ungewöhnlich tiefen Wurzeln... Backenzähne, die sich zurückbilden... Muskeln, mit denen sich uns das Fell sträuben könnte. Das Museum ist durchgehend geöffnet, seine Fossilien sind ständig ausgestellt.

Unser Körper ist aber auch ein Tempel, ein Lagerhaus, ein Labor, eine Apotheke (das Gehirn produziert mehr als 50 auf die Psyche wirkende Arzneistoffe), Stromversorgungsunternehmen, Bauernhof, Spedition, Bibliothek (unser Gehirn kann die gleiche Informationsmenge wie 500 Ausgaben der *Encyclopaedia Britannica* speichern), öffentliches Versorgungsunternehmen, Krankenhaus und Kläranlage. Außerdem gibt es in ihm eine selbstregelnde innere Polizei, die täglich Millionen mikroskopischer Verbrecher und Terroristen verhaftet; eine ganze Reihe von Verkehrshütern; Heerscharen von Medizinern und Technikern; eine Billion Blutplättchen durchstreifen jeden Tag den Blutkreislauf auf der Suche nach Wunden; eine Zentralregierung, die mit den lokalen Regierungsstellen im Streit liegt (so stimmen Gehirn und Magen nie überein, ob man sich nun das zweite Stück Kuchen nehmen soll oder nicht); und schließlich Motoren, Pumpen, Kompressoren, Staubsauger, Regler, Klimaanlagen, Hochöfen, Sanitäranlagen, Filter, Thermostate, Wecker, Schalt- und Stoppuhren und noch vieles mehr.

Unser Körper entwickelt sich aus einer einzigen Zelle zu einer Ansammlung von über 100 Billionen Zellen. Dann stellt er sich beispielsweise selbst in Frage mit Äußerungen wie diesen: »Ich denke, also bin ich« (René Descartes). Er ist sich seiner selbst bewußt: »Ein Staat aus lauter Zellen, in der jede Zelle ein gleichberechtigter Staatsbürger ist« (Rudolf Virchow). Er ist selbstironisch: »Ein Sammelsurium aus schlaffer Leber, eingesunkener Gallenblase, hängendem Magen, eingezwängten Eingeweiden und eingequetschten Beckenorganen« (John Button). Er kennt die Qual, nicht vollkommen zu sein: »Ein Organ voll angehäuftem Schmutz und der Heimlichtuerei von Zehntausenden von Generationen von Leisetretern« (Philip Wylie). Er ist nachdenklich: »Dennoch fällt es dem Affen schwerer, zu glauben, daß er vom Menschen abstammt, als umgekehrt« (Henry Mencken). Im 17. Jahrhundert umschrieb der englische Schriftsteller Samuel Butler den Körper des Menschen als eine »Kneifzange über einem Blasebalg und einem Kochtopf, wobei das Ganze auf zwei Stelzen ruht.« Hinter unserem *Wesen* steckt jedoch viel mehr. Hinter der tragbaren Sanitäranlage, dem umgemodelten Fisch und dem neugestalteten Affen liegt die Umgestaltung der Flamme des Universums. Denn schließlich haben wir uns aus Kometen und Sonnenstrahlen entwickelt. Aus kosmischer Erde sind wir, und zu kosmischer Erde sollen wir werden.

Die Gestalt des Menschen ist, so der englische Schriftsteller Joseph Addison, ein Gefüge, »das auf so herrliche Art einem anderen angepaßt ist, daß es wahrhaftig eine Maschine ist, die mit der Seele zusammenarbeitet.« Hierum soll es auch in dem vorliegenden Buch gehen. Nicht um eine trockene, gelehrte Anatomiestunde, vielmehr um die fast kindlich-neugierige Untersuchung der Wunder der Anatomie: um den menschlichen Engel, den Affen und den Fisch, um diesen erstaunlichen Apparat, den die Evolution hervorgebracht hat, den Tempel, der über 4 Milliarden Jahre bis zu seiner Vollendung brauchte.

Der Löwe hat mehr Kraft, das Äffchen klettert behender, das Reh läuft schneller, und die Kartoffel ist in genetischer Hinsicht – kaum zu glauben – komplizierter. Dennoch fasziniert uns kein anderes Geschöpf so sehr wie wir selbst. Frönen wir also abermals unserer größten Leidenschaft: der Beschäftigung mit uns selbst, mit einem Buch über unser Lieblingsthema – den Menschen.

Die Chronologie des Menschen

Vor 4,2 Milliarden Jahren

Die Ausbreitung des Lebens

Die auf der Erde befindlichen Wolken aus Wasserstoff, Kohlenmonoxid, Ammoniak und Methan rufen über den Meeren heftige elektrische Gewitter hervor. Zwischen den in die ultraviolette Sonnenstrahlung getauchten Gasen entwickeln sich chemische Reaktionen, und es bilden sich komplexe Moleküle – darunter Zuckermoleküle, Nuklein- und Aminosäuren –, die der Entwicklung der Proteine und der DNS den Weg bereiten, die sich selbst verdoppeln können. Nach einigen Millionen Jahren besiedeln schließlich einzellige Bakterien, die einfachsten Lebensformen, die Meere. Nun beginnt die Entwicklungsgeschichte des Lebens.

Vor 3,5 Milliarden Jahren

Sauerstoff

Blaugrüne Algen hauchen der Erdatmosphäre den ersten Sauerstoff-Atem ein. Der Sauerstoff dient dazu, die gefährlichen ultravioletten Sonnenstrahlen abzuwehren und die Entwicklung neuer Arten zu gewährleisten. Dies ist das bedeutsamste Einzelelement in der Geschichte des Lebens.

Vor 900 Millionen Jahren

Die ersten primitiven Schwämme

Schwämme zählen zu den einfachsten vielzelligen Tierorganismen, die sich aus dem einzelligen Leben entwickeln.

Vor 570 Millionen Jahren

Weichtiere

Zu den intelligentesten Weichtieren gehören der Polyp und der Tintenfisch, von denen man annimmt, daß sie sich aus den damals lebenden Perlbooten entwickeln.

Vor 540 Millionen Jahren

Die ersten Fische

Die ersten Fische wiesen keine Kiefer auf und saugten ihre Nahrung durch eine maulähnliche Öffnung.

Sie waren klein, besaßen keine Flossen und ähnelten den noch heute lebenden Neunaugen.

Vor 440 Millionen Jahren

Das erste Massensterben

Das erste Massensterben fand in den Meeren statt. Viele Arten verschwanden auf geheimnisvolle Weise von der Erde und kamen nicht mehr zurück.

Vor 415 Millionen Jahren

Die ersten Farne

Zu den ersten Pflanzen, die extrem hoch wuchsen und andere Pflanzen überschatteten, um einen Platz an der Sonne zu ergattern, gehörten Bärlappgewächse, riesige Schachtelhalme sowie Farne. Einige dieser Pflanzen erreichten eine Höhe von 30 Metern, die Farne bilden jedoch als erste Pflanzen echte Blätter aus. Hunderte Millionen von Jahren später werden diese in der Erde begrabenen und dort zusammengedrückten Pflanzen zu Kohle, und man gräbt sie wieder aus.

Vor 375 Millionen Jahren

Die ersten Amphibien

Bei einigen Fischen entwickeln sich spezielle Luftsäcke, mit denen sie in Sumpfgebieten mit geringem Sauerstoffgehalt im Wasser besser atmen können. Die Luftsäcke wandeln sich schließlich zu Lungen – und dadurch können die Tiere das Wasser verlassen und an Land leben. Die Amphibien bilden als erste Lebewesen überhaupt Trommelfelle und Stimmbänder aus.

Vor 340 Millionen Jahren

Die ersten Insekten

Fossile Funde beweisen, daß nun eine Reihe von Insekten von wahrhaft beängstigenden Ausmaßen die Erde bevölkern. Es sind 30 Zentimeter lange Schaben und Libellen mit 70 Zentimetern Spannweite.

Vor 320 Millionen Jahren

Die Reptilien – Vorläufer der Dinosaurier

Krokodile, Eidechsen sowie Land- und Meeresschildkröten haben sich aus Amphibien entwickelt. Sie und eine Vielzahl ihrer Artgenossen überleben die Klimaveränderungen, durch die später die Dinosaurier vernichtet werden und bleiben meist im Verlauf von Jahrmillionen unverändert.

Vor 270 Millionen Jahren

Bäume

Kiefern, Lärchen, Zedern und Föhren entwickeln sich aus den Farngewächsen und anderen niederen Pflanzen und werden sie am Ende in den Schatten stellen.

Vor 250 Millionen Jahren

Das zweite Massensterben

Es setzt ein mit einer 20 Millionen Jahre während Eiszeit: 96 Prozent aller Tierarten werden dabei ausgelöscht. Schätzungsweise 75 Prozent aller Amphibien-Arten und 80 Prozent der Gattung der Reptilien verschwinden auf Nimmerwiedersehen.

Vor 225 Millionen Jahren

Das Zeitalter der Dinosaurier

Seit Millionen Jahren verlangsamt sich die Geschwindigkeit der Erdumdrehung: Die Tage werden länger, während die Zahl der Tage eines Jahres abnimmt. Zu Beginn des Zeitalters der Dinosaurier umfaßte das Jahr aufgrund der schnelleren Erdrotation 385 Tage. Am Ende der Herrschaft der Riesenechsen wird die Zahl der Tage auf 371 geschrumpft sein.

Spitzmäuse und mausähnliche Lebewesen sind die größten Säugetiere, die bei der Herankunft des Dinosaurier-Zeitalters leben.

Vor 174 Millionen Jahren

Primitive Vögel

Die Schuppen einer Reihe von Reptilien mutieren und wandeln sich zu rudimentären Federn. Die ersten niedrig entwickelten Vögel erheben sich in die Lüfte.

Vor 139 Millionen Jahren

Die ersten Blumen

Die Pflanzen entwickeln sich zu Blumen, die aufgrund ihrer Farbe und ihres Duftes in der Lage sind, Insekten anzuziehen. Die Insekten bestäuben andere Pflanzen mit dem eingesammelten Blütenstaub, wodurch Pflanzen und Insekten weiter wachsen und gedeihen.

Magnolien und Wasserlilien sind die ersten echten Blumengewächse.

Vor 74 Millionen Jahren

Die ersten Primaten

Die niederen Vorfahren des Menschen, die Prosimiae (Halbaffen), gehören zu den ersten Lebewesen, die in der Lage sind,
Gegenstände mit den Händen zu »begreifen«.

Vor 70 Millionen Jahren

Die größten Fluglebewesen

Das größte uns bekannte Fluglebewesen, der Pterosaurier
(Flugsaurier), schwebte über dem heutigen Texas. Die Überreste, die man 1971 im Big-Bend-National-Park fand, deuten
darauf hin, daß das Reptil 200 Pfund wog und die stolze Flü-
gelspannweite von 13 Metern aufwies. Die zu jener Zeit in der
Region des Nationalparks lebenden Krokodile hatten übrigens eine Länge von bis zu 14 Metern.

Vor 50 Millionen Jahren

Die Ausbreitung der Primaten

Lemuren und andere Halbaffen leben in großer Zahl auf Ma-
dagaskar, in Europa und in Nordamerika.

Vor 37 Millionen Jahren

Die ersten Affen schwingen sich von den Bäumen

Die Entwicklung der Menschenaffen – Schimpansen, Gorillas, Gibbons und Orang-Utans – zweigt von der der Alte-
Welt-Affen ab. Es bilden sich bei ihnen größere und komple-
xere Gehirne und Skelettveränderungen, wodurch sie die

Freiheit des aufrechten Ganges gewinnen. Indem sie die Arme um 180 Grad drehen, können sie sich mühelos von Ast zu Ast hangeln.

Unterdessen durchstreift das größte Landsäugetier aller Zeiten Asien und Europa. Das Baluchitherium – ein hornloses, langhalsiges Nashorn – ernährt sich vom Laubwerk der Baumspitzen, weist eine Schulterhöhe von 5 Metern auf und wiegt 33 Tonnen.

Vor 6 bis 10 Millionen Jahren

Die Evolution der Menschen

Die menschliche Entwicklung zweigt allmählich von der Linie der Schimpansen und Gorillas ab. Noch heute sind unsere Gene zu 98 Prozent mit denen der Schimpansen identisch.

Vor 5 Millionen Jahren

Australopithecus Afarensis

Die ältesten Fossilien gehören zu einem unserer frühesten unmittelbaren Vorfahren, dem Australopithecus. Sie wurden 1984 von Mitgliedern einer gemeinschaftlich geführten Expedition der Harvard-Universität und des Nationalmuseums von Kenia in der Nähe des Baringo-Sees im Norden Kenias ausgegraben. Ein 5 Zentimeter langes Teilstück eines Unterkieferknochens mit zwei Backenzähnen fand sich zwischen fossilen Schweine- und Elefantenknochen; es ähnelte den berühmten »Lucy«-Fossilien, die man zuvor in Äthiopien gefunden hatte. Die Überreste deuten darauf hin, daß dieser südafrikanische »Affenmensch« weniger als 80 Pfund wog, knapp 1,30 Meter groß war und vermutlich so manchem seiner vierbeinigen Zeitgenossen davonlaufen konnte.

Vor 1,5 Millionen Jahren

Der Homo erectus zieht nach Asien und Europa

Der *Homo erectus* beherrschte das Feuer und war daher der erste Mensch, der in kältere Klimazonen ziehen konnte. Er verbesserte die Fertigkeiten seiner Vorfahren zur Werkzeugherstellung beträchtlich. Er stellte zum Beispiel als erster Mensch ein Handbeil her. Möglicherweise fällt auch die erstmalige Verwendung einer noch rudimentären Sprache in diesen Zeitraum.

Der *Homo erectus* lebte in einer Umwelt, die bedeutende Unterschiede zu der heutigen Welt aufwies. Nicht nur herrschte ein anderes Klima – die Temperatur betrug im Weltdurchschnitt 35 °Celsius; auch die gesamte Umwelt hatte einen völlig anderen Charakter.

In Ostafrika beherrschten gigantische Verwandte unserer heutigen Säugetiere die Szene. Ein typisches Beispiel der grotesken und übermäßig großen Tiere, die der *erectus* gejagt haben dürfte – oder denen er verzweifelt aus dem Weg ging – war ein mit Stoßzähnen bewehrtes Schwein von der Größe eines Nashorns. (Paläontologen, die die Überreste entdeckten, meinten zunächst, die Stoßzähne gehörten zu einem Elefanten.)

Vorläufer der Schafe wurden 2,10 Meter groß. Sie trugen, im Gegensatz zu den heute lebenden Schafen, ein stolzes Geweih von der Breite eines Mittelklassewagens. Die damals lebenden Paviane waren auch nicht von Pappe. Bestimmt gebärdeten sie sich nicht weniger wild als die höchst reizbaren Paviane von heute, von denen sie sich nur in einer Hinsicht unterschieden: Sie waren groß wie Gorillas.

Noch mehr Angst konnte einem ein affenähnliches »Ding« einflößen, das damals in Fernostasien lebte. Als man seine Fossilien entdeckte, hielten es die Wissenschaftler zunächst für einen Riesenmenschen und gaben ihm den Namen *Gigantopithecus*. Wie spätere Untersuchungen jedoch bewiesen, handelte es sich bei diesem Giganten bloß um einen zu groß geratenen Affen auf einer höheren Entwicklungsstufe, der im Stehen 2,70 Meter maß und 600 Pfund auf die Waage brachte. Seine Backenzähne waren sechsmal so groß wie die des heutigen Menschen und wurden einst von Apothekern in China als »Drachenzähne« verkauft und zu verschiedenen Heilpulvern zermahlen.

Und dann gab es da noch die Mammuts, diese unglaublich mächtigen Burschen. Noch heute werden in einigen Gegenden Sibiriens ihre tiefgefrorenen Kadaver gefunden, samt Haut und Knochen. Einmal wurden sie sogar von Menschen des 20. Jahrhunderts verspeist. Die Mammuts und Mastodons waren die größten Landsäugetiere, die der Mensch je zu Gesicht bekommen hat.

Vor 80 000 Jahren

Der Neandertaler bevölkert den Norden

Der Neandertaler, den man irrtümlich für ein geistig etwas beschränktes und wildes Ungeheuer gehalten hat, kannte als erster in der Abstammung des Menschen die Totenehrung. Im Sagros-Gebirge im Irak wurde ein prähistorisches Grab entdeckt. Als Grabbeigabe fand man die Reste verschiedener Pflanzen. Es waren mit Heileigenschaften ausgestattete Blumen und Kräuter, liebevoll arrangiert um einen Neandertaler, der vor 60 000 Jahren lebte. Wie die Pollenanalyse ergab, bestand der Blumenschmuck aus gemeiner Schafgarbe, Kornblumen, Rübendistel, Jacobskraut, Traubenhyazinthen, Malven und Schachtelhalm.

Vor 40 000 bis 60 000 Jahren

Der Cro-Magnon-Mensch entwickelt als erster die Künste und höher entwickelte Werkzeuge

Dem Cro-Magnon-Menschen werden die folgenden Erfindungen zugeschrieben: Pfeil und Bogen, Harpune, Nähnadel, Hosen und Umhänge, Hemden mit Kragen und Manschetten – und die Kunst. Von Höhlen hielt sich der Cro-Magnon fern, er baute seine Unterkünfte aus Holz, Knochen (Mammut-Knochen wurden manchmal zum Fachwerkbau verwandt) und Tierhäuten. In manchen Regionen der Welt brachten unsere Vorfahren riesige Gürteltiere zur Strecke und zogen ihnen die volkswagengroßen Panzer ab, die dann als Behelfsunterkünfte Einsatz fanden. Zur Nutzung der Sonnenenergie baute der Cro-Magnon-Mensch seine Behausungen absichtlich so, daß sie nach Süden gingen. Manche Feuerstellen dieser Menschen dienten außer zum Kochen als zusätzliche Heizung. In den gemütlichen Häusern fanden sich auch Teppiche aus weichen Tierfellen. Später errichtete Häuser hatten sogar Licht, in Form steinerner Lampen, die mit Fett und Moosdochten befeuert wurden.

Das Lebensalter des Neandertalers betrug maximal 45 Jahre. Die Cro-Magnon-Menschen lebten da schon länger, einige erreichten das hohe Alter von 60 bis 65 Jahren. Zu den Haupttodesursachen zählten wahrscheinlich Unterernährung, Mangelkrankheiten, Infektionen, schwere Verletzungen (wie die Neandertaler kümmerten sich auch die Cro-Magnon-Menschen aufopferungsvoll um ihre Kranken), übermäßig große Kälte und wilde Angriffe von Raubtieren.

Vor 50 000 Jahren

Die ersten seetüchtigen Boote

Fossile Funde beweisen, daß in dieser Zeit die ersten Menschen die Meere bis nach Australien befuhren.

Vor 30 000 bis 40 000 Jahren

Der moderne Mensch

Die Entwicklung der Menschen mit dem Körperbau und den Verhaltensweisen von heute beginnt. Der Gebrauch einer hoch entwickelten Sprache stammt wahrscheinlich aus dieser entscheidend wichtigen Übergangsphase. Die archäologischen Funde zeugen von einem explosionsartigen Anstieg von Erfindungen und Neuerungen, worin eine deutliche Verbesserung der Kommunikationsfähigkeiten zum Ausdruck kommt. Möglicherweise sind um diese Zeit auch die Neandertaler ausgestorben.

Vor 18 000 Jahren

Der Gipfel der Eiszeit

Über das heutige Gebiet Bostons zieht sich eine kilometerdicke Eisschicht. Die Erde ist in südlicher Richtung bis zum Breitengrad von New York und London mit Eis bedeckt.

Vor 10 000 bis 15 000 Jahren

Die Anfänge der Landwirtschaft

Unsere Vorfahren beginnen mit der Haustierzucht. Vor ihrer Zucht durch die Menschen trugen Schafe lediglich ein dünnes Wollkleid, und Hühner legten Eier nur zu bestimmten Jahreszeiten.

Wildlebende Kühe gaben lediglich dann Milch, wenn sie ihre Kälber säugten.

Später, mit der Erfindung des Mikrolith (einer Art Sichel) und des Mahlsteins, entstand die Möglichkeit der Nutzung weiter Landstriche mit wilden Getreidesorten, was zu drastischen Änderungen des ökonomischen, sozialen und politischen Systems führte. Jetzt konnten die ersten Menschenhorden ihr Nomadenleben aufgeben und Ackerbau treiben.

Vor 11 000 Jahren

Die ersten Städte

Die größte Stadt der Welt, Tschemi Schanidar im heutigen Irak, hat 150 Einwohner.

Vor 5000 Jahren

Es geht los mit der menschlichen Zivilisation.

DAS ZWANZIGSTE JAHRHUNDERT – DA WÄREN WIR!

Erster Teil

Unsere unendliche Vielfalt

Unsere Zahl

Unser überlasteter Planet

Noch bis in die sechziger Jahre hinein wurde in den meisten Ländern der Erde eine »pronatalistische« Familienpolitik betrieben – das heißt, man förderte das Bevölkerungswachstum, weil man meinte, hierdurch die Wirtschaftskraft einer Nation stärken zu können.

Heute wird diese Auffassung allerdings nur noch in wenigen Länder vertreten, da ein unkontrollierbares Anwachsen der Bevölkerung in der Regel mit ökonomischen Katastrophen einhergeht. Eine hohe Bevölkerungszahl belastet nicht nur die natürlichen Ressourcen eines Landes, sondern macht es auch anfälliger für eine Vielzahl anderer Katastrophen – unter anderem Hungersnöte, Epidemien, Kriege und auch Naturereignisse mit schädlichen Auswirkungen für den Menschen. Je mehr Lebensraum verloren geht, desto mehr Menschen sind genötigt, in Gefahrenzonen überzusiedeln, wie zum Beispiel Erdbeben- und Überschwemmungsgebiete. Im Jahre 1970 erzeugte ein Wirbelsturm in Bangladesch eine Flutwelle, bei der 300 000 Menschen ums Leben kamen. 1984 und 1991 wiederholten sich diese Naturkatastrophen, denen erneut Zehntausende zum Opfer fielen.

Nach Auffassung vieler Fachleute leben schon heute mehr Menschen auf der Erde, als problemlos ernährt werden können. Weltweit haben Umweltverschmutzungen und ihre Folgen ein kaum noch zu beherrschendes Ausmaß erreicht. Doch das Schlimmste steht uns noch bevor – jedenfalls, wenn man den Zahlen der Kraftfahrzeugneuzulassungen in den entwickelten Ländern Glauben schenken darf. Ebenso bedrohlich ist das Tempo, mit dem Tiere und Pflanzen aussterben. Verschlingt der Mensch weiter die letzten bewohnbaren Landstriche, werden im Jahre 2000 täglich etwa 100 verschiedene Pflanzen- und Tierarten aussterben.

Die meisten modernen Staaten nähern sich heute dem Ziel, zwischen Geburten- und Sterberate ein Gleichgewicht herzustellen; einige europäische Länder verzeichnen schon heute ein Null- beziehungsweise Minuswachstum der Bevölkerung.

Die Regierungen der meisten Entwicklungsländer haben umfangreiche Programme zur Geburtenkontrolle und Sexualerziehung ins Leben gerufen und stellen ihren Bürgern Empfängnisverhütungsmittel zu geringen Kosten oder ganz kostenlos zur Verfügung. Nach Aussagen von Fachleuten ist das Bevölkerungswachstum in vielen Ländern bereits so weit außer Kontrolle geraten, daß das angestrebte Nullwachstum vermutlich erst in einem Jahrhundert erreicht sein wird.

Wie viele Menschen?

Binnen einer Minute, nachdem Sie die ersten Worte dieses Satzes gelesen haben, werden 160 Babys geboren. Von diesen werden in Indien 50 auf die Welt kommen, weitere 34 werden in China aufwachsen; und 11 werden schließlich Sowjetbürger sein. Sehen Sie noch einmal auf die Uhr, und zählen Sie 2 Sekunden: Irgendwo auf der Erde ist soeben ein Kind gestorben. Tatsächlich stirbt ein Kind, während wir einmal Luft holen. Alle 2 Sekunden, 24 Stunden am Tag, rund um die Uhr. Allein von den in diesem Jahr geborenen Kindern werden 17 Millionen ihren 5. Geburtstag nicht erleben.

Zählen Sie weitere 5 Minuten, und 300 Männer, Frauen und Kinder werden gestorben sein.

Woran sind sie gestorben? Eine auffällig große Zahl starb an Unterernährung und Krankheiten, die mit falscher Ernährung zusammenhängen, jährlich entfällt darauf die überwältigend große Gesamtzahl von 50 Millionen Todesfällen.

Dennoch schwillt die Zahl der Weltbevölkerung täglich um weitere 250000 an – das sind jährlich fast 90 Millionen. Am Ende jeden Jahres sind so viele Menschen auf die Welt gekommen, wie es der Zahl von 12 ½ Städten der Größe New Yorks entspricht. Wie Bevölkerungswissenschaftler glauben, wird sich die Weltbevölkerung im nächsten Jahrhundert –

schon aus purer Not – zwischen 10 bis 15 Milliarden einpendeln müssen.

Unterdessen nimmt die Lebenserwartung weiter zu, wodurch die ohnehin schon zu hohen Bevölkerungszahlen noch weiter anschwellen. 1750 betrug die durchschnittliche Lebenserwartung in Nordamerika 40 Jahre. Heute können die meisten Amerikaner damit rechnen, 70 Jahre und älter zu werden. Wissenschaftler glauben, es wird eines Tages möglich sein, den Alterungsprozeß ganz zu unterbrechen, so daß wir vielleicht endlos lange leben könnten.

Im Jahr 3530 würde das Gesamtgewicht aller Menschen, sofern die Bevölkerung im derzeitigen Tempo weiter zunähme, dem Gewicht der Erdkugel entsprechen.

Gesamtzahl der Menschen in der Geschichte der Erde

Wäre niemand in den letzten 600 000 Jahren gestorben, so würden sich heute auf der Erde 80 Milliarden Menschen drängen.

Babyboom

Im März 1987 hieß das Raumschiff Erde offiziell seinen fünfmilliardsten menschlichen Passagier an Bord willkommen. Die folgenden Länder führten die Liste der Geburten an:

Indien 52,4 Geburten pro Minute (E. 816 800 000). Indien versucht derzeit, bis zur Jahrhundertwende eine vierköpfige »Norm«familie durchzusetzen. Die Regierung hat ihren Bürgern sogar Geld angeboten, wenn sie sich freiwillig sterilisieren lassen. Die Bevölkerungszahl Indiens hat schon heute ein krisenhaftes Ausmaß erreicht. Zum Beispiel sind 10 Prozent der Einwohner von Kalkutta obdachlos und leben und schlafen auf der Straße. Unterdessen nähert sich die Bevölkerung der Milliardengrenze.

China 34,3 Geburten pro Minute (E. 1 087 000 000). China bemüht sich um eine jährliche Begrenzung des Bevölkerungsanstiegs auf 1 Prozent, indem es die Eheleute drängt, nur 1 Kind zu bekommen. Ein-Kind-Familien erhalten Steuererleichterungen und billigen Wohnraum zugewiesen; Familien mit 2 Kindern verlieren diese Steuererleichterungen wieder. In manchen Gebieten werden die Eltern eines 3. Kindes mit einer Geldstrafe von 10 Prozent ihres Einkommens belegt, bis das Kind das 14. Lebensjahr erreicht hat. Die Folge: Fälle von Kindesmord – zumal bei weiblichen Neugeborenen – sowie Abtreibungen im Spätstadium der Schwangerschaft sind sehr verbreitet.

In China herrscht eine so große Bevölkerungskrise, daß selbst die Toten davon betroffen sind. Da dem Land allmählich die Flächen für die erforderlichen Friedhöfe ausgehen, drängt die Regierung bereits auf die Feuerbestattung der Verstorbenen.

UdSSR 10,9 Geburten pro Minute (E. 286 000 000). Immer wieder auftretende Zeiten der Lebensmittelknappheit und lange Warteschlangen nach Ersatzteilen und Automobilen zeugen davon, welch starken Belastungen das System von

Angebot und Nachfrage in der Sowjetunion ausgesetzt ist. Selbst in der waldreichsten Region der Welt müssen die sowjetischen Bürger oft ohne die wichtigsten Papierprodukte – zum Beispiel Toilettenpapier – auskommen. Die Bemühungen der Sowjetunion, die Bevölkerungszahl in Grenzen zu halten, werden jedoch durch den großen Mangel an empfängnisverhütenden Mitteln beeinträchtigt, wodurch die Abtreibung zu einem verbreiteten Mittel der Geburtenregelung geworden ist.

Nigeria 10,3 Geburten pro Minute (E. 112000000). Nigeria ist das schwarzafrikanische Land mit der größten Bevölkerungsdichte. In den nächsten 30 Jahren wird die Bevölkerung sprunghaft von 112 auf 274 Millionen ansteigen. Dadurch wird es zu einem der Länder mit dem schnellsten Bevölkerungswachstum werden. Die Bevölkerung von Lagos, der größten Stadt des Landes, stieg von 329000 im Jahre 1952 auf heute 7 Millionen.

Die nigerianische Regierung gibt derzeit über 100 Millionen US-Dollar aus, damit alle Einwohner in den Genuß von Verhütungsmitteln und Sexualerziehung kommen. Der Gebrauch von empfängnisverhütenden Mitteln ist von 2 Prozent im Jahre 1983 auf heute 6 Prozent gestiegen.

Vereinigte Staaten 7,9 Geburten pro Minute (E. 246100000). Allein schon die wirtschaftlichen Verhältnisse zwingen die Ehepaare, weniger Kinder zu bekommen. Anfang des Jahrhunderts meinte man noch, 5 Kinder ließen sich mühelos großziehen, doch heute sehen Amerikaner das Ideal in einer vierköpfigen Familie. In die Vereinigten Staaten wandern jedes Jahr mehr Menschen ein, als in irgendein anderes Land der Erde. Über 52 Millionen Einwanderer haben in den letzten 156 Jahren die offizielle Staatsbürgerschaft erhalten; inzwischen kommt jeder 24. Einwanderer *illegal* ins Land.

Ägypten 7,5 Geburten pro Minute (E. 53000000). Die Bevölkerung Ägyptens steigt derzeit mit einer Rate von 1 Million alle 10 Monate. Noch in den sechziger Jahren betrug die Bevölkerungszahl 26 Millionen, mittlerweile ist sie auf über 50 Millionen angestiegen, und das in einem Land, das zu 94 Prozent aus unbewohnbarer Wüste besteht.

In Ägypten sind Wohnungen so rar, daß Hunderttausende genötigt sind, in den Grabmälern und Mausoleen eines riesigen islamischen Friedhofs – der Stadt der Toten – vor den Toren Kairos ihren Wohnsitz zu nehmen.

Der Islam, die größte Religionsgemeinschaft der Welt, erlaubt die Geburtenkontrolle, verbietet jedoch die Abtreibung.

Pakistan 6,8 Geburten pro Minute (E. 107500000). Seit dem Ausbruch des sowjetisch-afghanischen Krieges im Jahre 1980 haben 3 Millionen afghanische Flüchtlinge die Einwohnerzahl von Pakistan anschwellen lassen. Pakistan wird voraussichtlich eine Verdoppelung seiner Bevölkerung in den nächsten 30 Jahren von 107 auf 214 Millionen erleben. Die größte Stadt, Karatschi, wird um die Jahrtausendwende über 12 Millionen Einwohner zählen.

Bangladesch 6,2 Geburten pro Minute (E. 109500000). Fast 110 Millionen Menschen leben heute in einem Gebiet von der Größe des amerikanischen Bundesstaates Arkansas, und in 30 Jahren wird die Einwohnerzahl voraussichtlich 206 Millionen betragen.

Wie wir unsere natürlichen Ressourcen plündern

Im Durchschnitt verbraucht jeder Amerikaner direkt oder indirekt 20 Tonnen mineralischer Stoffe pro Jahr – in so verschiedenen Formen wie neuen Bürgersteigen, Beton, Glas, Erdöl, Kohle und Metall. Das Ausmaß, mit dem wir nach Mineralien graben, verdoppelt sich alle 10 Jahre.

Nach Angaben von Umweltschützern übertrifft die Weltnachfrage an Wasser in zunehmendem Maß das Angebot. Im Jahre 2000 wird sich allein durch das Bevölkerungswachstum in der Hälfte aller Länder der Erde der Wasserverbrauch verdoppeln.

Das Gebiet der Vereinigten Staaten verzeichnet zwar einen jährlichen Niederschlag von 16 000 Milliarden Litern, doch in vielen Gegenden im Westen der USA ist der Grundwasserspiegel in den letzten Jahren infolge des sprunghaft angestiegenen Wasserverbrauchs drastisch gesunken. 1900 verbrauchten die Amerikaner noch täglich annähernd 160 Milliarden Liter Wasser. 1980 haben wir täglich knapp 2800 Milliarden Liter konsumiert.

Die kleinste und die größte Zahl

Einerseits gibt es auf der Erde noch viele Gegenden, in denen kaum ein Mensch lebt, in anderen Gebieten dagegen nehmen sich die Menschen fast gegenseitig die Luft zum Atmen. Zu den am schwächsten besiedelten Regionen gehören aufgrund ihrer dicken Eisschicht und der Kälte Kalaallit Nunaat, das frühere Grönland, und die Antarktis. Die folgenden Gebiete – aufgeführt in der Reihenfolge der geringsten bis zur höchsten Bevölkerungsdichte – bringen diese Unterschiede zum Ausdruck:

1. **Antarktis**, die größte Bevölkerungszahl, die hier je verzeichnet wurde, betrug 2000, die meisten Einwohner waren Wissenschaftler, die sich dort zu Forschungszwecken aufhielten. Bei einer Landmasse von 14 000 000 km² beträgt die Bevölkerungsdichte 1 Mensch pro 7800 Quadratkilometer.
2. **Kalaalit-Nunaat (Grönland)**, eine Person pro 38 km².
3. **Falkland-Inseln,** das Land weist weniger als einen halben Menschen pro Quadratkilometer auf. Das Verhältnis von Schaf zu Mensch beträgt dort 3 zu 1.
4. **Mongolei,** 1 Mensch pro Quadratkilometer.
5. **Australien,** 2 Menschen pro Quadratkilometer.
6. **Kanada,** 3 Menschen pro Quadratkilometer.
7. **Vereinigte Staaten,** in den Vereinigten Staaten gibt es nach wie vor weite unbewohnte Landstriche, insbesondere in den Wüstengebieten im Osten des Landes und in

Alaska. Im Durchschnitt leben bescheidene 10 Menschen pro Quadratkilometer.

8. **China**, 114 Menschen pro Quadratkilometer.
9. **Indien**, 256 Menschen pro Quadratkilometer.
10. **Japan**, 330 Menschen pro Quadratkilometer.
11. **Bangladesch**, Bangladesch ist die am dichtesten besiedelte Festlandregion der Welt; 760 Menschen wohnen auf der Fläche von 1 Quadratkilometer. 110 Millionen Menschen leben in einem Gebiet von der Größe des US-Bundesstaates Arkansas.
12. **Macau**, auf dieser Insel vor der Küste Chinas lebt man dicht an dicht – wie in einer Sardinenbüchse. 24 000 Menschen bevölkern die Fläche von 1 Quadratkilometer. Macau ist die am dichtesten besiedelte Region der Welt.

Im Auge des Betrachters

Studien zur Attraktivität des Menschen zufolge gelten 8 Prozent der Weltbevölkerung als äußerst gut aussehend, 17 Prozent als überdurchschnittlich attraktiv, 50 Prozent als durchschnittlich, 17 Prozent als etwas unterdurchschnittlich, und 8 Prozent schließlich gelten als häßlich.

Die Schönen dieser Welt genießen gewisse Vorteile. Untersuchungen über die gesellschaftliche Wertschätzung guten Aussehens ergaben das Folgende:

■ Auf einer Attraktivitätsskala von 1 bis 10 bezogen die von amerikanischen Wissenschaftlern mit einer »3« bewerteten Menschen ein durchschnittliches Einkommen von 10000 Dollar; die mit »6« eingestuften Personen verdienten zwischen 10000 und 20000 Dollar; und die Menschen, die das höchste Testergebnis erzielten, bezogen ein Jahreseinkommen von über 20000 Dollar.

■ Eine attraktive Kellnerin erhält 5 Prozent mehr Trinkgeld als ihre weniger attraktive Kollegin.

■ Ärzte und Schwestern in der Notaufnahme eines Krankenhauses unternehmen deutlich mehr Wiederbelebungsversuche bei Menschen, die als gutaussehend gelten.

■ Großgewachsene Menschen steigen leichter in einflußreiche gesellschaftliche Positionen auf als kleinwüchsige Leute.

■ Eine Frau mit großen Brüsten gilt bei Männern wie Frauen als weniger gut im Beruf als eine Frau mit kleinen Brüsten.

Auf dem Weg ins Jahr 2000

Vor 12000 Jahren betrug die Weltbevölkerung insgesamt 5 Millionen Menschen. Heute ist die Einwohnerzahl auf über 5 Milliarden gestiegen. Und in weniger als einem Jahrhundert wird sich die Zahl wiederum verdoppelt haben – auf 10 Milliarden Männer, Frauen und Kinder.

Eine Chronologie der Bevölkerung

Zeit	Weltbevölkerung
10000 v. Chr.	5000000
1 n. Chr.	200000000
1000	275000000
1500	420000000
1700	615000000
1900	1625000000
1920	1862000000
1940	2295000000
1960	3049000000

1975	4 033 000 000
1980	4 432 000 000
1988	5 128 000 000
2000	6 200 000 000
2033	8 700 000 000

Im Jahre 2033 wird die Einwohnerzahl Chinas allein 1 516 000 000 betragen, was nahezu der Gesamtweltbevölkerung im Jahre 1900 entspricht. Indien wird 1 311 000 000 Einwohner haben. Zusammengenommen werden die Einwohnerzahlen dieser Länder fast die gleiche Höhe erreichen, wie die Weltbevölkerung im Jahre 1960.

Traurige Städte

Vor 3000 Jahren gab es auf der Erde 3 Großstädte. 2 Städte lagen in den Niltälern, die 3. lag im Zweistromland zwischen Euphrat und Tigris. 100 000 Menschen drängten sich in Theben in Ägypten, während 74 000 Einwohner Memphis bevölkerten. Weiter östlich davon fanden 50 000 ihre Bleibe in der blühenden Stadt Babylon.

Noch 1000 Jahre später hatte die größte Stadt der Erde – Rom – lediglich 600 000 Einwohner. Am Ende des 18. Jahrhunderts war Peking die erste Stadt, die über 1 Million Einwohner hatte. Heute sind Städte mit über 1 Million Einwohnern nichts Besonderes mehr.

Tatsächlich wird es auf Mutter Erde im Jahre 2000 über 440 Ballungsgebiete mit einer Bevölkerungszahl von über 1 Million geben. Von diesen werden 191 über 2 Millionen Einwohner haben. Und über 82 städtische Ballungsräume werden sich einer Zahl von über 4 Millionen Einwohnern rühmen können.

Dazu gehören:
1. Mexico City, 26 Millionen
2. São Paulo, 24 Millionen
3. Tokio, 17 Millionen

4. Kalkutta, 17 Millionen
5. Bombay, 16 Millionen
6. New York/der Nordosten des Staates New Jersey, 15,5 Millionen
7. Seoul, 13,5 Millionen
8. Shanghai, 13,5 Millionen
9. Rio de Janeiro, 13,3 Millionen
10. Delhi, 13,3 Millionen
11. Buenos Aires, 13,2 Millionen
12. Kairo, 13,2 Millionen
13. Jakarta, 12,8 Millionen
14. Bagdad, 12,8 Millionen
15. Teheran, 12,7 Millionen
16. Karatschi, 12,2 Millionen
17. Istanbul, 11,9 Millionen
18. Los Angeles/Long Beach, 11,2 Millionen
19. Dhaka/Bangladesch, 11,2 Millionen
20. Manila, 11,1 Millionen

Schier atemberaubende Zahlen... Sollte sich die Entwicklung fortsetzen, so läßt sich absehen, daß das am dichtesten besiedelte Ballungsgebiet Mexico City mit 26 Millionen Einwohnern sein wird. Doch schon heute leben in Mexico City über ¼ Millionen Obdachlose.

Zudem ist die tägliche Abfallproduktion der Stadt bereits jetzt ohne Beispiel. Jeden Tag türmen sich in Mexico City 9000 Tonnen Müll auf den Bürgersteigen, der tage-, ja wochenlang liegenbleibt, bis er endlich abgeholt wird.

Im Jahre 2000 wird Mexico City wahrscheinlich das Ballungsgebiet mit der größten Umweltbelastung überhaupt sein. Dann werden 6 Millionen Kraftfahrzeuge die Straßen befahren. Wenn nicht schon bald drastische Gegenmaßnahmen getroffen werden, wird die Stadtverwaltung für die Fußgänger, die von den giftigen Abgasen betäubt worden sind, Sauerstoffgeräte zur Verfügung stellen müssen. (Tokio hat diese Schritte bereits wegen des eigenen Luftverschmutzungsproblems ergriffen.)

Unsere Rassenzugehörigkeit

Wie wir uns unterscheiden

Auf unserer Erde gibt es im wesentlichen 3 Rassentypen: den kaukasischen (55 Prozent der Weltbevölkerung), den mongoliden (33 Prozent) und den negriden Typus (8 Prozent).

Im Gegensatz zu dem, was diese Zahlen zu verdeutlichen scheinen, ist jeder Erdenbürger ein Nachkomme Afrikas, das heißt, wir alle haben negrides Blut in den Adern. In Wahrheit sind die Angehörigen der weißen und der asiatischen Rasse späte Verzweigungen im Stammbaum des Menschen.

Jede Rasse, die wir heute kennen, hat charakteristische Merkmale, die sie von den anderen unterscheidet, und ist somit auf Anhieb zu erkennen. Woher aber kommen diese Variationen? Warum sehen nicht alle Menschen gleich aus?

Die Antwort ist einfach. Das Ganze liegt am Wetter und ist begründet im Überleben des Stärkeren. Am Beispiel der Eskimos läßt sich ideal veranschaulichen, wie Umweltfaktoren dazu führten, daß die Rassen verschiedene Merkmale herausbildeten.

Fett

Körperfett bietet einen so ausgezeichneten Schutz vor Kälte, daß sich bei den Eskimos mehr davon entwickelt hat als bei jedem anderen Volk. Ein Eskimo wiegt daher im Durchschnitt 144 Pfund. Demgegenüber gilt: je wärmer das Klima, desto weniger Fett benötigt der Körper. Die Iren – die sich in einer wärmeren Klimazone entwickelten – wiegen im Schnitt 142 Pfund. Der Spanier, der in den Genuß eines noch wärmeren Klimas kommt, wiegt 120 Pfund. Am entgegengesetzten Ende der Skala befindet sich der algerische Berber; er wächst in der Hitze der Wüste auf und hat ein durchschnittliches Gewicht von knapp 114 Pfund.

Die Form des Körpers

Je weniger Körperoberfläche der Umwelt ausgesetzt ist, desto mehr Körperwärme bleibt erhalten. Die Gestalt der Eskimos weicht stark von den Bewohnern wärmerer Gegenden ab. Eskimos haben einen gedrungeneren Körper, kürzere Hände, Arme und Beine, einen breiteren Brustkorb, einen längeren Rumpf und einen runderen Kopf. Die schlanken, langgliedrigen Körper der Bewohner tropischer Regionen weisen dagegen ein höheres Verhältnis von Oberfläche zum Körpervolumen auf, wodurch die Körperwärme wirksamer abstrahlen kann.

Stoffwechsel

Als Stoffwechsel wird die Gesamtheit der Körperprozesse bezeichnet, die zwischen einem lebenden Organismus und seiner Umwelt ablaufen. Je höher die Stoffwechselrate, desto höher die Grenze, ab der wir Kälte empfinden. Bei Eskimos liegt die Stoffwechselrate um 15 bis 30 Prozent höher als bei Europäern. Am Äquator lebende Menschen haben die niedrigste Stoffwechselrate überhaupt, da sie zum Warmhalten ihres Körpers weniger Kalorien verbrennen. Folglich leidet ein Brasilianer, der nach Alaska kommt, sehr viel stärker unter der Kälte als ein dort ständig lebender Eskimo.

Durchblutung

Je mehr Blut zur Haut fließt, desto größer ist ihre Fähigkeit, Erfrierungen und die Einwirkungen langanhaltender Kälte abzuwehren. Jedes zusätzliche Pfund Fett produziert weitere 350 Kilometer Kapillargefäße im gesamten Organismus. Wie eine Studie nachgewiesen hat, fließt bei manchen Eskimos doppelt soviel Blut in die Hände wie bei Angehörigen des weißen Rassentypus – eine Tatsache, die möglicherweise mit einer besseren Ausstattung an Fettgewebe zusammenhängt.

Augen und Nase

Eine dunkle Haut und gefältete Lider schützen vor dem Sonnenlicht, das dann am stärksten ist, wenn es von Schnee oder weißem Sand reflektiert wird. Eskimos, weitere Angehörige des mongoliden Rassentyps und Negride, die aus Regionen mit mehr Sonne kommen, haben diese Eigenschaften – der kaukasische Typ dagegen hat sie nicht. Die für Eskimos charakteristische flache und breite Nase bietet der Kälte weniger Angriffsfläche und friert deshalb nicht so leicht ab.

Die Sinne

Die Menschen, die unter den primitivsten Umweltbedingungen leben, haben in der Regel die am höchsten entwickelten Sinne. Zum Beispiel kann ein Eskimo Gerüche sehr viel feiner wahrnehmen als ein Kaukasier. Außerdem können Eskimos Farben besser unterscheiden: Nur 1 Prozent der männlichen Eskimo-Bevölkerung ist farbenblind, im Vergleich zu 8 Prozent der Kaukasier und 5 Prozent der Asiaten.

Der afrikanische Buschmann dagegen kann sich eines hervorragenden Gehörs und einer überaus scharfen Sehkraft rühmen. Ohne ein Fernglas zu benutzen, kann er 4 verschiedene Monde des Jupiters unterscheiden und schon aus über 100 Kilometern Entfernung das Dröhnen eines herannahenden Flugzeuges hören.

Körperbehaarung

Kaukasier haben am meisten, Mongolide am wenigsten Haar. Eskimos weisen die geringste Zahl von Körperhaaren von allen auf, viele haben gar keine Schambehaarung. Warum das so ist, ist nicht bekannt.

Weitere körperliche Unterschiede zwischen den Rassen

Manche Anthropologen behaupten, der Stammbaum des Menschen verzweige sich in nicht weniger als 4000 individuelle Rassen. Andere Wissenschaftler gehen noch weiter und sprechen von über 5 Milliarden Rassen, da praktisch jeder Mensch auf unserem Planeten Eigenschaften hat, durch die er sich von anderen unterscheidet. Trotz aller Unterschiede sind die Rassen jedoch in Wahrheit sehr viel enger miteinander verwandt als man früher angenommen hat. So gibt es zum Beispiel zwischen einigen Schwarzen Nordamerikas und den Schwarzen anderer Länder mehr Variationen, als zwischen amerikanischen Schwarzen und amerikanischen Weißen. Und von den Aborigines, den Ureinwohnern Australiens, nimmt man an, daß sie in einem engeren Verwandtschaftsverhältnis zu dem weißen als zu dem schwarzen Rassentypus stehen – wenngleich ihre Hautfarbe auf das Gegenteil zu verweisen scheint.

Alles in allem übertreffen die Ähnlichkeiten der Rassen bei weitem die Unterschiede. Demnach sind Rassenvorurteile nichts weiter als irrige Urteile über Angehörige der eigenen Familie. Jetzt können wir also, ohne die Bedeutung der Gemeinsamkeit aller Menschen im allgemeinen aus dem Blick zu verlieren, mit größerer Objektivität einige der Merkmale untersuchen, durch die sich die menschlichen Rassen voneinander unterscheiden.

Die Haut

Die Pigmentierung der Haut dient zum Schutz vor ultravioletter Sonneneinstrahlung. In Gegenden mit intensivem Sonnenlicht hat sich beim Menschen eine dunklere Haut herausgebildet, da sie einen besseren Schutz vor den schädigenden ultravioletten Strahlen bietet. In anderen Gebieten, wo Dauer und Stärke des Sonnenlichts geringer sind, sind weniger Pigmente erforderlich. Auf diese Weise hat sich die große Variationsbreite der Hautfarben – von hell bis gelblich, von braun bis schwarz – entwickelt.

Die Variation der Hautfarben unterstützt außerdem die Regulierung der Vitamin-D-Bildung, deren Hauptquelle das Sonnenlicht ist. Zuviel Vitamin D bewirkt Erkrankungen der Niere, zu wenig Vitamin D Rachitis. Die gelbliche Hautfarbe der Eskimos enthält eine Keratin-Schicht. Diese schützt in schneereichen Regionen und in der Wüste vor allzu starkem Sonnenlicht.

Ohrenschmalz

Zu den genauesten Mitteln der Unterscheidung des asiatischen Menschentyps von Schwarzen und Weißen zählt die Überprüfung der Unterschiede hinsichtlich des Ohrenschmalzes. (Vgl. untenstehende Tabelle.) Menschen des asiatischen Typs produzieren trockenen, krümeligen Ohrenschmalz, Weiße und Schwarze hingegen einen feuchten, klebrigeren Schmalz.

Abstammung	Prozentsatz mit trockenem Ohrenschmalz
Nordchinesen	98
Südchinesen	86
Japaner	92
Mikronesier	61
Deutsche	18
Amerikanische Weiße	16
Amerikanische Schwarze	7

Finger und Haarwirbel

Orientalen besitzen mehr Wirbel auf den Fingerkuppen als Schwarze oder Weiße, die wiederum mehr Schleifen haben. Die australischen Ureinwohner haben am meisten Wirbel überhaupt. Schätzungsweise 80 Prozent der Europäer hat Haar, das sich am Hinterkopf gegen den Uhrzeigersinn wirbelt. Das Haar der meisten Japaner sträubt sich dagegen in die entgegengesetzte Richtung.

Zähne

Mongolide haben meist spatenförmige Frontzähne, Weiße und Schwarze dagegen meißelförmige Zähne. Asiaten haben häufig eingeklemmte oder gar keine Weisheitszähne, während die australischen Ureinwohner eine Reihe zusätzlicher Backenzähne haben, die sonst nirgendwo auf der Erde vorkommen. Zudem haben die Aborigines größere Zähne als alle anderen Menschen.

Die Größe des Gehirns

Daß die Größe des Gehirns irgendeinen meßbaren Einfluß auf die Intelligenz hat, hat noch kein Wissenschaftler herausgefunden. Der Neandertaler besaß sogar ein größeres Gehirn als der heutige Mensch. Betrachten wir einmal den Unterschied zwischen Männern und Frauen: Männer haben zwar das größere Gehirn – aber Frauen schneiden besser in Intelligenztests ab.

Die afrikanischen Volksstämme der Kaffern und der Amahosa haben größere Gehirne als Menschen des kaukasischen Typs; das gleiche gilt für die Japaner, die Indianer Nordamerikas, die Eskimos und die Mongolen.

Blut

Das Blut von Gebirgsbewohnern weist eine größere Menge Hämoglobin – roten Blutfarbstoff – auf als das anderer Menschen, und auch ihr Herz und ihr Brustkorb sind größer. Auf diese Weise können sie das geringere Sauerstoffangebot in großer Höhe besser ausnutzen. In der Regel leiden Tieflandbewohner, die in die Berge fahren, unter Müdigkeit, Schlaflosigkeit, Kopfschmerzen, Magenkrämpfen, einem beschleunigten Puls sowie – infolge der verringerten Sauerstoffzufuhr – chronischer Entwässerung. Diese Körperreaktionen bezeichnet man als *Berg- oder Höhenkrankheit*.

Die verbreiteteste Blutgruppe unter Europäern und Nordamerikanern ist 0, es folgen die Blutgruppen A, B und AB. Die Aborigines und die Eskimos haben zu gleichen Teilen Blutgruppe 0 und A, während bei den Japanern (11 Prozent der Bevölkerung) Blut vom Typ AB am häufigsten ist. Dieses Merkmal teilen sie mit den Ägyptern.

Körpergröße

Die größten Menschen auf der Erde finden sich unter den Angehörigen des Volksstammes der Tutsi in Zentralafrika. Tutsi werden bis zu 2,10 Meter groß; ihre durchschnittliche Größe beträgt 1,85 Meter. Die kleinsten Menschen sind die Pygmäen, die im Alter von 10 Jahren aufgrund eines Mangels an einem bestimmten Wachstumshormon aufhören zu wachsen. Männliche Pygmäen sind im Schnitt 1,30 Meter groß. Die nächst den Tutsi größten Menschen sind die Schotten, die Aborigines und einige nordamerikanische Indianer.

Die nächst den Pygmäen kleinsten Menschen sind die Lappen, die Indianer auf Labrador, die südostasiatischen Negritos und einige asiatische Indianer.

Duft

Jeder von uns verströmt einen ganz charakteristischen Geruch. Helen Keller konnte weder sehen noch hören und entwickelte daher die Fähigkeit, ihre Freunde einzig und allein am Geruch zu unterscheiden. Auch die einzelnen Rassen lassen sich durch ihren Körpergeruch unterscheiden. Unsere Ernährung spielt bei der Frage, wie wir riechen, eine wichtige Rolle. Es kann deshalb vorkommen, daß Amerikaner für Japaner eindeutig nach Butter riechen, und Japaner für die Amerikaner nach Fisch. Ebenso bedeutsam ist die Verteilung der apokrinen Drüsen. Dies sind spezialisierte Duftdrüsen, die im Genital-, Anal- und Unterarmbereich siedeln und die Duftsignale aussenden, die wir als Körpergeruch kennen. Im allgemeinen gilt: Je mehr apokrine Drüsen wir haben, desto stärker ist der Geruch, den wir verströmen, wenn wir schwitzen.

Schwarze haben etwas mehr apokrine Drüsen als Weiße, die Gründe dafür sind allerdings unbekannt. Menschen des asiatischen Rassetyps weisen dagegen eine geringere Häufigkeit der apokrinen Drüsen auf. Bei Japanern findet sich Unterarmgeruch so selten, daß er als Krankheit angesehen wird und früher einmal als Grund anerkannt wurde, den Wehrdienst zu verweigern. Aufgrund einer ungewöhnlich niedrigen Verteilung der apokrinen Drüsen zählen die Koreaner zu den Menschen auf der Erde, die am wenigsten riechen; 50 Prozent von ihnen haben überhaupt keine apokrinen Drüsen.

Muskelkoordination und sportliche Leistungsfähigkeit

Wie Studien über die sportliche Leistungsfähigkeit zeigen, sind schwarze Kinder ihren weißen oder asiatischen Altersgenossen im Laufen und Springen deutlich überlegen. Bei schwarzen Kleinkindern entwickelt sich die Muskelkoordination in einer früheren Lebensphase (dieses Merkmal haben sie mit den australischen Ureinwohnern gemeinsam) als bei weißen. Warum das so ist, ist noch völlig ungeklärt. Statistiken zufolge bleibt dieser Vorsprung auch noch im Erwachsenenalter erhalten: 1989 hatten Schwarze einen Anteil von 12 Prozent der Bevölkerung der USA, doch stellten sie im selben Jahr 52 Prozent der Basketball-Spieler in der nationalen Liga NCAA. Auch beim *All-Star-Match* des amerikanischen Basketballverbandes (NBA) im Jahre 1989 hatten 9 von 10 Spielern eine schwarze Hautfarbe. Zwar werden mitunter Differenzen zwischen den Kulturen zur Erklärung herangezogen, warum Schwarze in manchen Sportarten so stark vertreten sind. Nach Auffassung anderer Forscher verweist der Vergleich der physischen Leistungsfähigkeit von Weißen und Schwarzen jedoch auf einen anderen Umstand: Schwarze, die aus bestimmten Gegenden Afrikas stammen, haben im Durchschnitt deutlich längere Arme und Beine und einen kürzeren Rumpf als Weiße. In einer vor Jahren durchgeführten Studie entdeckten Forscher, daß die dunkelhäutigen Olympia-Sprinter durchschnittlich 86,2 Zentimeter lange Beine hatten, während die ihrer weißhäutigen Kontrahenten im Schnitt eine Länge von 83 Zentimetern aufwiesen. Die untersuchten Leichtathleten hatten zudem etwas weniger Fett- und etwas mehr Muskelgewebe als ihre weißen Konkurrenten.

Wie Untersuchungen aus jüngster Zeit zeigen, hatten die erfolgreichsten schwarzen Olympia-Sprinter mehr »schnell zuckende« Muskelfasern. Diese ziehen sich schneller und stärker zusammen als die »langsam zuckenden« Muskelfasern, die sich bei vielen Weißen fanden. Medizinischen Untersuchungen zufolge bestand beispielsweise die Muskulatur von Carl Lewis und Florence Griffith Joyner, den Sprint-Olympiasiegern im Jahre 1988, zu über 70 Prozent aus »schnell zuckenden« Muskelfasern.

Die langsam zuckenden oder »Ausdauer«-Muskelfasern, wie man sie in Läuferkreisen nennt, reagieren zwar weniger explosiv, verrichten aber sehr viel länger ihren Dienst, ehe sie ermüden. Wie man herausfand, bestand die Muskulatur der Olympiasiegerin im Marathonlauf, Joan Benoit Samuelsen, zu über 79 Prozent aus »langsam zuckenden« Muskelfasern.

Geburtsfehler

Extrafinger (6 an jeder Hand) finden sich sechsmal häufiger bei schwarzen Säuglingen als bei weißen Kindern; bei weißhäutigen Babys treten häufiger Hasenscharten auf. Die angeborene Abflachung der Hüftgelenkpfanne kommt häufiger bei japanischen Säuglingen als bei schwarzen oder weißen Babys vor. Albinismus tritt öfter unter amerikanischen Indianern auf als bei irgendeiner anderen Rasse.

Am häufigsten vorkommende Krankheiten

Einige Rassen sind anfälliger gegen bestimmte Krankheiten als andere. Bei Juden tritt zum Beispiel die größte Häufigkeit der Tay-Sachs-Krankheit auf, einer Stoffwechselerkrankung. Iren leiden am stärksten unter der Spina bifida, einer gespaltenen Wirbelsäule. Die Pima-Indianer in Arizona weisen eine 50prozentige Diabetes-Rate unter den über 30jährigen auf. Diese Häufigkeit liegt zehnmal höher, als die der übrigen Bevölkerung der USA. Bei vielen westafrikanischen Schwarzen haben sich zwar spezielle, sichelzellenförmige Blutkörperchen ausgebildet, die vor der Malaria schützen, doch hat diese

Anpassung nicht nur Vorzüge. Diese Blutkörperchen können die kleinen Blutgefäße verstopfen, was manchmal zu Sauerstoffmangel und zu einer bis zum Tode führenden Zerstörung von Gewebeteilen führt. Viele Schwarze sind so vor der Malaria geschützt, aber jedes Jahr sterben 80 000 Westafrikaner an der Sichelzellen-Anämie, während lediglich 9 Prozent der amerikanischen Schwarzen dieses mörderische Gen besitzen.

Sprachunterschiede zwischen den Rassen

Die 3 menschlichen Rassen sprechen über 4000 Sprachen und 20 000 Dialekte. Einige Sprachen, wie zum Beispiel Anus, Bella Coola, Blood, Bok, Gold, Grwadungalung, I, Kukukuku, Nupe, OK, Ron, Santa, Tiini und U sprechen nur einige tausend Menschen. Andere Sprachen – wie das Mandarin-Chinesisch – werden um die Jahrhundertwende von 1 Milliarde Menschen gesprochen werden. Der größten Vielfalt kann sich Indien rühmen. Dort gibt es 845 verschiedene Sprachen.

Sprache	Zahl der Sprecher weltweit (in Millionen)
Mandarin-Chinesisch	713
Englisch	391
Russisch	270
Spanisch	251
Hindi (Indien)	245
Arabisch	151
Bengalisch (Indien)	148
Portugiesisch (Portugal, Brasilien)	148
Deutsch	119
Japanisch	118
Malaiisch-Indonesisch	112
Französisch	105
Urdu (Pakistan)	70
Pundschabi (Indien)	64

Italienisch	61
Koreanisch	59
Telegu (Indien)	59
Tamilisch (Indien)	58
Marathisch (Indien)	56
Kantonesisch (China)	54
Bihari (Indien)	50
Ukrainisch (UdSSR)	42
Vietnamesisch	40
Polnisch	39
Gudscharati (Indien)	28

Alphabete

Am längsten ist das kambodschanische Alphabet – es umfaßt 72 Buchstaben. Mit nur 11 Buchstaben ist das Alphabet der Rotokas auf der südpazifischen Insel Bougainville am kürzesten.

Zu den schwierigsten Schriftsprachen zählt das Chinesische, da es statt Buchstaben Schriftzeichen verwendet. Das Zeichen »xie« erfordert zum Beispiel 64 Pinselstriche und bedeutet »gesprächig«. Das Schriftzeichen »yu« erfordert 32 Striche und heißt soviel wie »drängen oder anflehen«. Wie Studien zeigen, registriert unser Gehirn die Wörter dann rascher, wenn sie als Schriftzeichen statt als Buchstaben dargestellt werden.

Die ungewöhnlichste Sprache

Die ungewöhnlichste Sprache überhaupt ist !XU. Sie wird von den Einwohnern Südafrikas gesprochen und erlangte Berühmtheit durch den Hauptdarsteller in dem Spielfilm *Die Götter müssen verrückt sein*. !XU besteht aus 95 Konsonanten, von denen 48 Schnalzlaute sind, die mit den Lippen, der Zunge und den Zähnen geformt werden.

»M« – der Laut für Mutter

In nahezu jeder Sprache auf der Erde beginnt das Wort für *Mutter* mit einem »m«-Laut. Möglicherweise ist dies darauf zurückzuführen, daß Babys auf der ganzen Welt als erstes den Konsonanten *m* erlernen.

Unser Geschlecht

Was ist denn da der Unterschied?

Seit Jahrhunderten gelten Männer als das überlegene Geschlecht. Männer sind größer und stärker als Frauen. Es ist noch gar nicht lange her, da beherrschten sie fast unter Ausschluß der Frauen alle Bereiche des öffentlichen Lebens – von der Politik bis zur Schwerindustrie.

Heute drängen immer mehr Frauen in einflußreiche gesellschaftliche Positionen, und langsam setzt sich eine andere Anschauung über die Beziehungen der Geschlechter durch. Scharfe Kritik an den zahlreichen Schwächen der Männer ist heutzutage nichts Ungewöhnliches mehr. Die Stärken der Frauen sind in den Vordergrund gerückt, der uralte Mythos von der männlichen Überlegenheit ist ins Wanken geraten. Zudem ist nachgewiesen, daß Männer in einigen Bereichen deutlich unterlegen sind.

Nimmt man eine gewissenhafte Auswertung des Tatsachenmaterials vor, stellt sich allerdings heraus, daß kein Geschlecht dem anderen überlegen ist, sondern die Geschlechter sich lediglich unterscheiden. Dies belegt auch der folgende Vergleich.

Das Lächeln

Frauen lächeln häufiger als Männer. Um sich davon zu überzeugen genügt es, in einer beliebigen Zeitschrift zu blättern.

Als letzter aus den Startblöcken, als erster über die Ziellinie

Zwar lassen Männer Frauen am Beginn des Lebens hinter sich – doch dann fallen sie meist schnell wieder zurück. Männliche Spermien (Y) schwimmen charakteristischerweise schnel-

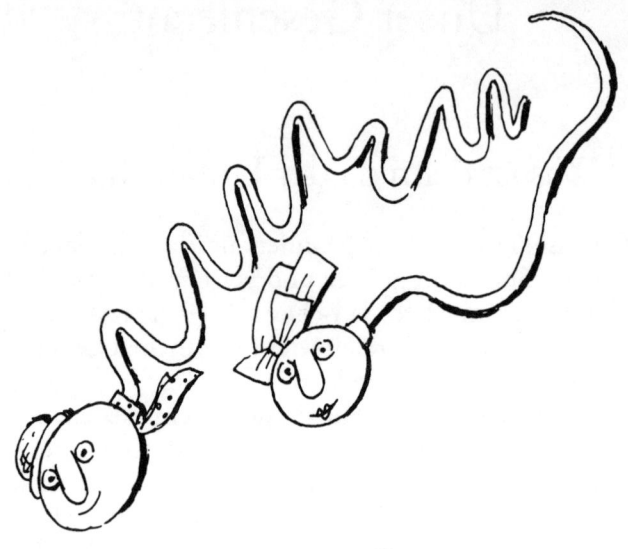

ler als weibliche Spermien (X) und haben daher auch größere Chancen, das Ei zu erreichen und zu befruchten. Darum kommen auch 125 Jungen pro 100 Mädchen zur Welt. Weibliche Spermien sind nur deshalb langsamer, weil sie eine größere Last an Erbinformationen tragen, die erforderlich sind, um einen zur Schwangerschaft fähigen Körper hervorzubringen. In der Tat reift der weibliche Fötus schneller im Mutterleib heran. Bei der Geburt hat er einen vier- bis sechswöchigen Vorsprung vor dem männlichen Embryo.

Faktoren der Gesundheit

Männer sterben früher oder häufiger an den 57 der 64 hauptsächlichen Todesursachen, die es gibt. Frauen erdulden zwar in der Regel tödlich verlaufende Infektionen länger als Männer, scheinen jedoch an einer größeren Zahl nicht-tödlicher Erkrankungen zu leiden. Frauen erkranken beispielsweise achtmal häufiger als Männer an Lupus, einer mit Arthritis verwandten Krankheit, und im gebärfähigen Alter steigt die Zahl auf 15 an. Frauen leiden nicht nur zehnmal häufiger als Männer unter Kopfschmerzen, sondern neigen auch stärker zu akuten Atemwegs- und Magen-Darm-Beschwerden sowie Arthritis, Blutarmut, Diabetes, Bluthochdruck und einigen Arten von Herzkrankheiten. Frauen melden sich etwas häufiger krank als Männer. Dies liegt aber wohl eher daran, daß sie insgesamt besser auf ihre Gesundheit achten.

Unterschiede hinsichtlich der Physiologie

Physischer Faktor	männlich	weiblich
Gehirngewicht	1400 g	1275 g
Herzgewicht	280 g	230 g
Blutmenge	5,7 Liter	3,3 Liter

Prozentualer Anteil am Körpergewicht:		
Wasser	60 Prozent	54 Prozent
Muskel	42 Prozent	36 Prozent
Fett	18 Prozent	28 Prozent
Knochen	18 Prozent	18 Prozent
Lungenvolumen (mit 25 Jahren)	6,4 Liter	4,15 Liter
Atemzüge pro Minute (im Ruhezustand)	14–18	20–22

Langlebigkeit

Zieht man Fehl- und Frühgeburten mit in Betracht, sinkt das Verhältnis von männlichen und weiblichen Geburten auf 105 zu 100. Im ersten Lebensjahr sterben 54 Männer im Verhältnis zu 45 Frauen. Mit 21 Jahren entfallen auf 68 Sterbefälle beim Mann 32 bei der Frau. Im Alter von 65 Jahren kommen auf etwa 7 Männer, die noch leben, 10 Frauen. Fast auf der ganzen Welt haben Frauen eine höhere Lebenserwartung; in den Vereinigten Staaten beträgt dieser Unterschiede 7 Jahre.

Bezogen auf das Jahr 1986 konnten Frauen in den Vereinigten Staaten damit rechnen, 7 Jahre länger zu leben als

Männer. Einige Forscher behaupten, Frauen verfügten über ein stärkeres Abwehrsystem. Da sie zudem besondere Anpassungsmechanismen zur Bekämpfung der zusätzlichen körperlichen Belastungen während der Schwangerschaft besäßen, seien sie besser zum Kampf gegen Krankheiten gerüstet. Betrachten wir einmal die unterschiedliche Ausstattung mit Geschlechtschromosomen: XX steht für Frauen, XY für Männer. Von der XY-Anordnung ist bekannt, daß sie Männer krankheitsanfälliger macht – unter anderem für die Bluterkrankheit und einige Arten von Muskelschwund. Andere Fachleute vertreten wie gesagt die Ansicht, Frauen achteten besser auf ihre Gesundheit und gingen häufiger zum Arzt. Andere Experten wiederum führen den Faktor »Größe« an, das heißt, große Menschen sterben meist früher als kleine. Folglich sterben auch Männer – das größere Geschlecht – in jüngeren Jahren als Frauen.

Neuere Untersuchungen deuten darauf hin, daß alle diese Theorien zumindest ein Körnchen Wahrheit enthalten. Keine Theorie kann allerdings erklären, warum diese Altersdifferenz ausschließlich im 20. Jahrhundert auftritt. Im Jahre 1900 hatten Männer und Frauen noch fast die gleiche Lebenserwartung, sie lag lediglich um 2 Jahre auseinander.

Und dann kam das Zigarettenrauchen in Mode. Um die Jahrhundertwende begannen die Männer in großer Zahl, Gefallen an diesem Freizeitvergnügen zu entwickeln. Frauen enthielten sich auch weiter des Rauchens, da es als nicht damenhaft galt. Im Laufe der Jahre ist die Häufigkeit von Lungenkrebs und Herzkrankheiten beim Mann sprunghaft angestiegen. Tatsächlich sterben heute doppelt soviel Männer an Lungenkrebs und Herzkrankheiten wie Frauen.

Gäbe es den »Zigaretten-Faktor« nicht, so dürften Männer, die nicht gewaltsam ums Leben kommen – durch Unfälle, Mord, Kriege und so weiter –, damit rechnen, das gleiche Alter zu erreichen wie die Frauen. Schließlich hält ein Mann den Langlebigkeits-Weltrekord. Er steht bei 120 Jahren. Läßt man die männlichen Sterbefälle aufgrund von Gewalteinwendung außer Betracht, dann haben nach Angaben einer Untersuchung aus dem Jahr 1983 Männer, die in ihrem Leben weniger als 400 Zigaretten rauchen, statistisch die gleiche Lebenserwartung wie Frauen.

Wer hat was?

Bei Männern treten häufiger auf:	Bei Frauen treten häufiger auf:
Unfälle	Blutarmut
Krebs*	Diabetes mellitus
Magengeschwüre	Schenkelhalsbruch
Gicht	Gallensteine
Herzkrankheiten*	Bluthochdruck
Hepatitis	Lupus
Leistenbruch	Migräne
Nierensteine	Muskelschwäche
Lepra	Fettleibigkeit
Medikamenten- u. Drogenmißbr.	Osteoporose
Tuberkulose	Rheumatische Arthritis

Persönlichkeitsstörungen und Medikamenten- und Drogenmißbrauch

Da Männer normalerweise aggressiver sind – was zum Teil an der größeren Menge des männlichen Hormons Testosteron liegt –, neigen sie auch mehr zu Unfällen, Gewalttaten und mit Streß in Verbindung stehenden Krankheiten.

Männer verursachen zwei Drittel aller Verkehrsunfälle. In den letzten Jahren haben Frauen in dieser Hinsicht aufgeholt. Auch begehen Männer, vor allem junge Männer, die den höchsten Testosteronspiegel im Blut aufweisen – weit mehr Morde (14629 zu 2085 im Jahr 1987) und verschiedene Gewalttaten (261548 schwere Fälle von Körperverletzung, im Vergleich zu 40629 Fällen im Jahre 1987). Entgegen dem landläufigen Verständnis begehen Frauen mehr Kindesmiß-

* Die Frauen holen infolge eines erhöhten Zigarettenkonsums bezüglich dieser Krankheit schnell auf.

handlungen als Männer – einer neuesten Studie zufolge beträgt das Verhältnis 48 Prozent zu 42 Prozent. Männer neigen vor allem zu Persönlichkeitsstörungen, wie etwa antisoziales Verhalten und Medikamenten- und Alkoholmißbrauch. Frauen dagegen leiden stärker unter Ängsten, Phobien und Depressionen und begehen auch häufiger Selbstmordversuche; Männer sind hierin allerdings häufiger »erfolgreich«. Die Ehe erhöht bei Frauen das Risiko, an Depressionen zu erkranken, während bei Männern das Risiko abnimmt.

Sportliche Fähigkeiten

Junge erwachsene Männer haben im Durchschnitt 50 Prozent Muskelgewebe und 16 Prozent Fett. Frauen im selben Alter besitzen 10 Prozent weniger Muskeln und 10 Prozent mehr Fett. Da Männer ein größeres Herz und eine größere Lunge haben, ist ihre aerobische Kraft um 8 Prozent höher. Aufgrund dieser Merkmale liegen Männer in Sportarten wie Laufen, Springen, Werfen, Schlagen oder Gewichtheben vorn.

Frauen haben allerdings bewiesen, daß sie in Sportarten wie Langstreckenschwimmen, Bogenschießen, Kleinkaliberschießen sowie bestimmten Turndisziplinen gleich gut oder besser sind als Männer. Es gibt Indizien, wonach Frauen in den Sportarten, in denen Männer überlegen sind, aufschließen. So betrug bei den Olympischen Spielen 1968 der Abstand in der Schwimmdisziplin 200-Meter-Rücken 11,7 Prozent. 1984 hatte sich der Abstand auf 5,1 Prozent verringert.

Die Sinne

Wie mehrere Tests deutlich gemacht haben, besitzen Frauen etwas feinere Sinne als Männer. Insbesondere können sie Gerüche und Geschmacksrichtungen genauer auseinanderhalten und besser Töne in höheren Frequenzbereichen erkennen (Frauen wachen leichter auf, wenn ein Säugling schreit). Sie reagieren sensibler auf Berührungen und verfügen über ein schärferes Sehvermögen; auch Farbenblindheit kommt bei ihnen weniger häufig vor als bei Männern.

Lernfähigkeit

Bei den zum Linkshirn gehörigen Aufgaben schneiden Frauen besser ab als Männer. Schon im Kindesalter zeigt sich zum Beispiel, daß Frauen in der Regel Männern im Spracherwerb überlegen sind: Sie sprechen die ersten Wörter früher und bleiben im ganzen Leben sprachbegabter. Jungen erlernen nicht nur später das Sprechen, sondern neigen auch stärker zu Sprachbehinderungen und/oder Lernschwierigkeiten, beispielsweise Stottern oder eine Lese- und Rechtschreibschwäche. Außerdem können Mädchen früher richtig singen und den Takt deutlich besser halten als Jungen.

Männer sind hingegen überlegen bei den zum Rechtshirn gehörigen Aufgaben. Männliche Babys können sich früher bewegen als weibliche Babys und übertreffen diese später in Mathematik, den naturwissenschaftlichen Fächern sowie bei Aufgaben, die das räumliche Vorstellungsvermögen betreffen.

Technische Neuerungen

Frauen erzielen bei Intelligenztests zwar die besseren Leistungen. Doch ist die männliche Überlegenheit im Bereich technischer Neuerungen wohl der bedeutsamste Unterschied zwischen den Geschlechtern. Dies liegt zum Teil an kulturell bedingten Einflüssen; so erhalten Frauen in den USA nur rund 1500 der 70 000 Patente, die jährlich in den USA vergeben werden. Im Jahre 1988 erhielten Frauen nur 5 Prozent der im Fach Physik vergebenen Doktorentitel, und im Fachbereich Ingenieurwissenschaften gingen 7 Prozent dieser Auszeichnung an Frauen.

Unsere Sexualität

Der Mensch zählt zu den Lebewesen mit dem stärksten Sexualtrieb überhaupt. Anders als bei vielen Tierarten ist der weibliche Mensch 365 Tage im Jahr zum Geschlechtsverkehr bereit. Und dem eigentlichen Geschlechtsakt können wir uns über einen Zeitraum von 1 Stunde, 2 Stunden oder sogar einem ganzen Abend hingeben.

Ein solch reges Treiben übertrifft die Leistung unserer nahen Verwandten, der Paviane, bei weitem, die den Geschlechtsakt in nur 8 Sekunden und nach 15 Stößen zu Ende bringen. Löwen lassen sich gelegentlich noch weniger Zeit zur Paarung.

Das Volk mit dem stärksten Geschlechtstrieb überhaupt sind die polynesischen Mangianer: im Alter von 18 Jahren liebt sich ein mangaianisches Paar durchschnittlich dreimal pro Nacht, jeden Tag. Erst mit 38 Jahren nimmt ihr Liebesleben an Intensität ab, dann sinkt die Quote auf zweimal pro Abend.

Die Spitzenzeiten

Die Möglichkeit der sexuellen Fortpflanzung ergibt sich bei der Frau in der Regel erst mit dem Beginn der Menstruation, zwischen dem 10. und dem 14. Lebensjahr. Männer haben den ersten Samenerguß im Alter zwischen 11 und 12 Jahren. Ein Mann erreicht die Spitze seiner sexuellen Leistungsfähigkeit meist spät im Teenageralter, wenn die Anzahl der Orgasmen am höchsten ist, und er die Erektion bis zu einer Stunde aufrechterhalten kann. Mit 70 Jahren währt die Erektion höchstens 7 Sekunden.

Frauen erreichen den sexuellen Gipfel hingegen erst mit Anfang 30. In diesem Alter kommen sie leichter zum Orgasmus als in irgendeinem anderen Alter.

Aus dem Blickwinkel der Fortpflanzung betrachtet, liegt die Spitzenzeit für die körperliche Liebe beim Menschen zwischen dem 20. und 29. Lebensjahr. Die größte Fruchtbarkeit erreichen Männer und Frauen ungefähr mit 24 Jahren. Nähert sich eine Frau dem Alter um die 30, sinkt ihre Fruchtbarkeit allerdings einigermaßen stark, und die Aussicht, ein Kind mit einer Chromosomen-Anomalie zur Welt zu bringen, liegt bei 5 von 1000 Geburten. Mit 40 erhöht sich das Risiko auf 15 pro 1000 Geburten; im Alter von 45 erhöht sich das Risiko ganz erheblich und steigt auf 50 pro 1000 Geburten.

Am hellichten Tag

Entgegen dem landläufigen Verständnis ist die beste Zeit für die körperliche Liebe nicht die dunkle Nacht, sondern der helle Tag. Wie Studien nachweisen, wirkt die Sonne anregend auf unseren Sexualtrieb, indem sie die Aktivität der Hirnanhangdrüse erhöht, die die Funktion der Eierstöcke und der Hoden reguliert.

Dunkelheit hingegen signalisiert der Hypophyse im Gehirn, sie solle Melatonin produzieren. Dieser Stoff regt den Eisprung und die Spermaproduktion an und hemmt die Sexualhormone. Nachts ist der Melatonin-Spiegel

fünfmal höher. Möglicherweise erklärt dies auch, warum Blinde, die immerzu im Dunkeln leben, eine geringere Fruchtbarkeitsrate aufweisen als die »Normalbevölkerung«.

Die Zeiten der Liebe

Wie Studien zeigen, ist der Testosteron-Spiegel – das männliche Hormon Testosteron reguliert den Sexualtrieb – bei Männern in den Monaten mit der intensivsten Lichteinstrahlung im Sommer und Frühherbst am höchsten und am niedrigsten im Winter.

Laut Untersuchungen des Instituts für Sexualforschung der Universität Indiana erreicht die Geschlechtsverkehrrate ihren Höhepunkt im Juni – während der längsten und sonnenreichsten Tage des Jahres. Wie Statistiken zeigen, erreichen die Fruchtbarkeitsrate, der Verkauf von Verhütungsmitteln und das Auftreten von Geschlechtskrankheiten alle im Sommer und Frühherbst ihre Höhepunkte. Das mag daran liegen, daß – als Folge der winterlichen Entbehrungen – die Jungen der meisten Arten am ehesten dann überleben, wenn sie im Frühling zur Welt kommen. Eine hohe Beischlaf-Frequenz im vorherigen Sommer und Herbst bewirkt eine erhöhte Geburtenrate im Frühling und Frühsommer.

Sex nach der Uhr

Die beliebteste Zeit für die körperliche Liebe ist in den Vereinigten Staaten 11 Uhr abends, vor allem am Wochenende. Einem kürzlich veröffentlichten Bericht im *New England Journal of Medicine* zufolge entwickeln Frauen bei Vollmond eine um 30 Prozent erhöhte sexuelle Aktivität.

Rasendes Herzklopfen

Während der ersten Phasen der sexuellen Erregung steigt der Puls von 70 bis 80 Schlägen pro Minute auf 90 bis 100. Kurz vor dem Orgasmus kann der Puls auf 130 klettern, und auf 150 Schläge während des Orgasmus. Der Blutdruck kann beim Orgasmus von 120 auf 150 in die Höhe schnellen.

Blicke der Liebe

Es heißt, der Mensch sei am schönsten während des Liebesspiels. In der Regel vergrößern sich dann seine Pupillen, eine Reaktion unseres Organismus auf die sexuelle Lust –, und die Augen überziehen sich mit einem schimmernden Glanz. Mit dem Ansteigen der Erregung verteilt sich das Blut vom Körperinneren an die Hautoberfläche. Die Lippen werden feucht und voll, und die Haut fühlt sich nicht nur wärmer an, sondern rötet sich auch – vor allem bei Frauen. Bei 75 Prozent aller Frauen kann sich auf Bauch, Brüsten und Hals sogar eine Art Ausschlag bilden, der nach dem Orgasmus aber rasch wieder verschwindet. Die Brustwarzen richten sich auf, ein Phänomen, das aber bei der Frau stärker ins Auge fällt. Auch bei den Brüsten läßt sich beobachten, daß sie sich während des Vorspiels bis um 25 Prozent vergrößern können.

Was unsere Eltern uns immer verschwiegen haben

Die reizvollsten Körperteile

Das Reizvollste an einer Frau ist ihr Lächeln, dies fanden jedenfalls die von der Zeitschrift *Glamour* befragten Männer. Die von der *London Sunday Times* interviewten Frauen fanden bei Männern den Po am reizvollsten.

Orgasmus und Samenerguß

Mehrfach-Orgasmen haben 14 Prozent aller Frauen, wobei der 2. und 3. Orgasmus am intensivsten erlebt wird. Beim Orgasmus der Frau kommt es zu mehreren Muskelkontraktionen; er dauert 5 bis 10 Sekunden länger als der sexuelle Höhepunkt des Mannes. Bei manchen Frauen kann der Orgasmus 1 Minute dauern. Bei Männern ist stets der erste Orgasmus am stärksten; er währt etwa 10 Sekunden.

Lediglich 10 Prozent aller Frauen ejakulieren während des Orgasmus, wobei die Zusammensetzung des Ejakulats der Samenflüssigkeit der Männer ähnelt, die sich sterilisieren ließen.

Feuchte Träume

Untersuchungen deuten darauf hin, daß 83 Prozent aller jungen Männer »feuchte Träume« oder nächtliche Samenergüsse kennen, wobei die höchste Frequenz – einmal monatlich oder mehr – im Heranwachsenenalter beobachtet wird. In der Regel verschwinden diese Träume mit dem Erreichen des 30. Lebensjahrs.

Heterosexuelle Phantasien

Die am weitesten verbreiteten heterosexuellen Phantasien sind Masters und Johnson zufolge:

Männer:
1. Neuer bzw. anderer Partner
2. Vergewaltigung durch eine Frau
3. Einem anderen Paar zuschauen
4. Homosexuelle Begegnungen
5. Gruppensex

Frauen:
1. Neuer bzw. anderer Partner
2. Vergewaltigt werden durch einen Mann
3. Begegnungen mit Frauen
4. Begegnungen in idyllischer Umgebung mit einem Fremden
5. Gruppensex

Stellungen

Da der obenliegende Partner die stoßenden Bewegungen besser kontrollieren kann, kommt er häufiger als in jeder anderen Stellung zum Höhepunkt.

Neueren Untersuchungen zufolge berichteten 85 Prozent der heterosexuellen Paare, daß sie während des Vorspiels oralen Sex praktizieren – das ist fast doppelt soviel wie bei Paaren, die in den vierziger Jahren befragt wurden.

Alternative Partner

Nach Angaben eines Kinsey-Reports werden im Alter von 45 Jahren fast 13 Prozent der Frauen und 37 Prozent der Männer irgendeine Form homosexueller Aktivität bis zum Orgasmus kennen; 3,6 Prozent der Frauen und 8 Prozent der Männer haben irgendwann einmal mit einem Tier sexuelle Handlungen vollzogen.

Frauen mit dem meisten Sex

In der Regel sind Frauen mit der größten Produktion des männlichen Hormons Testosteron sexuell am aktivsten und haben mehr Spaß an der Sexualität. Manche Frauen produzieren zehnmal mehr Testosteron als andere. Der höchste Testosteron-Spiegel wird in der Mitte des Monatszyklus produziert, der Zeit, da Frauen deutlich empfänglicher für Sex sind.

Masturbation

Auch bei Kindern ist die universelle Sexualpraktik der Masturbation beobachtet worden. Bei einigen Säuglingen kann es mehrmals täglich zur Selbststimulation in Form von zärtlichen Berührungen kommen. Laut Sexualwissenschaftlern zeigen sie sich überaus verärgert, wenn man sie bei dieser Tätigkeit zu unterbrechen versucht.

Auch Hunde, Katzen, Stachelschweine und selbst Delphine (die den Penis in den Wasserstrahl des Einlaßventils ihres Wasserbassins halten oder an dessen Boden reiben) hat man bei der Selbstbefriedigung beobachtet.

80 Prozent der Frauen und 94 Prozent der Männer masturbieren. Wie empirische Studien außerdem zeigen, masturbieren Männer ungefähr doppelt sooft wie Frauen. Die untenstehende Tabelle gibt – nach Alter, Geschlecht und Ehestand aufgeschlüsselt – die Masturbations-Frequenz an, wie sie zuerst Masters und Johnson in ihren Untersuchungen zusammengestellt haben:

Männer	Male pro Jahr
16–20	57
21–25	42
Verheiratet	24

Frauen	Male pro Jahr
18–24	37
Verheiratet	10

Multiple Partner

Ehe die Aids-Krise ins Bewußtsein der Öffentlichkeit rückte, bildeten homosexuelle Männer die Gruppe der amerikanischen Gesellschaft, in der es am häufigsten zum Wechsel des Geschlechtspartners kam. 28 Prozent der Männer hatten eigenen Berichten zufolge über 1000 verschiedene Partner im Leben. Heute hält man heterosexuelle Männer für die Gruppe mit den am häufigsten wechselnden Partnern, wobei ungefähr 75 Prozent der verheirateten Männer wenigstens einmal einen Seitensprung riskiert haben. Nach Ergebnissen jüngster Untersuchungen läßt sich die Quote der ehelichen Treue wie folgt untergliedern. Für Ehemänner gilt:

Ehejahre	Prozentsatz, der von außerehelichem Sex berichtet
0–2	15
2–10	23
10–20	30
20–50	75 (verschiedene Statistiken)

Für verheiratete Frauen gilt:

Ehejahre	Prozentsatz, der von außerehelichem Sex berichtet
0–2	13
2–10	22
10–20	22
20–50	50

Homosexualität

Beziehungen zwischen Angehörigen desselben Geschlechts sind keineswegs ein neues gesellschaftliches Phänomen. Vielmehr waren Ehen zwischen 2 Frauen oder 2 Männern in der Frühzeit des Römischen Reiches rechtlich und sozial akzeptiert. Mehrere römische Kaiser, darunter Nero, waren mit Männern verheiratet.

Die am weitesten verbreiteten homosexuellen Phantasien sind laut Masters und Johnson:

Männer:
1. Bildhafte Vorstellungen der männlichen Geschlechtsteile
2. Vergewaltigung durch einen Mann
3. Heterosexuelle Begegnungen mit einer Frau
4. Begegnungen in idyllischer Umgebung mit unbekannten Männern
5. Gruppensex

Frauen:
1. Vergewaltigung durch eine Frau
2. Begegnungen in idyllischer Umgebung mit dem festen Partner
3. Heterosexuelle Begegnungen
4. Sich an frühere Erlebnisse erinnern
5. Sadomasochistische Vorstellungen

Pornographie und erotische Vorstellungen

Wie Studien andeuten, nimmt die Zahl der Sexualverbrechen ab, wenn »nichtgewalttätige« Pornographie (d. h. keine Fesselungen oder andere Formen von Sadomasochismus) der Öffentlichkeit zugänglich gemacht wird. Gewalttätige Pornographie mit sadomasochistischen Szenen scheint indessen den gegenteiligen Effekt zu haben.

Vergewaltiger, Menschen, die Kinder sexuell mißbrauchen und andere Sexualtäter erklärten bei Befragungen, sie hätten als Jugendliche *weniger* Kontakt mit Pornographie gehabt als andere Menschen.

In den meisten Befragungen äußerten die Männer, Filmszenen erotischen Inhalts wirkten auf sie ausgesprochen erregend. Frauen behaupten zwar, nur leicht von solchen Szenen erregt zu werden; doch als man sie im Laborversuch auf ihre physiologischen Reaktionen hin untersuchte – Herzschlag, Perspiration und vaginale Lubrikation –, stellte sich heraus, daß sie auf diese Bilder genauso stark reagieren wie Männer.

Sex im Pensionsalter

70 Prozent der Männer sind noch mit 70 sexuell aktiv, doch mit 75 Jahren fällt diese Zahl auf 50 Prozent. Frauen sind etwas weniger aktiv aufgrund des Männermangels.

Die Ursache Nr. 1 der Impotenz ist, zumal bei älteren Männern, mangelnde Durchblutung. Die Arterienverkalkung ist die Folge einer zeitlebens übermäßig cholesterinreichen Ernährung, sie entsteht zuerst und am stärksten im Penis; sie verlangsamt den Blutstrom und hemmt so die Erektion.

71

Sexualität und Rasse

Laut Umfragen haben Schwarze häufiger Geschlechtsverkehr und erleben häufiger einen Orgasmus als Weiße. Diese lassen sich dafür mehr Zeit beim Vorspiel und Sex als japanische Paare, deren Kinder meist bis in die Zeit der Pubertät im elterlichen Bett schlafen.

Der Penis

Durchschnittlich mißt das männliche Glied im erigierten Zustand 15 Zentimeter. Die Mehrheit der befragten Frauen äußerten, die Länge des Penis sei hinsichtlich des sexuellen Genusses von wenig oder gar keinem Belang. Ein Vergleich: der Penis des afrikanischen Elefanten wiegt 60 Pfund, der Penis des Blauwals mißt 3 Meter. Einige Eidechsen- und Schlangenarten haben gar zwei Penisse.

Das Kräftespiel in der Liebe

Liebe mich, liebe meine Hypophyse

Das euphorische Gefühl, das bei der Liebe entsteht, kommt nicht vom Herzen, sondern entsteht in den Nervenbahnen und den Neurohormonen. Diese werden von der Hypophyse ausgestoßen und reguliert. Wird dieses Organ beschädigt oder verändert es sich, ist die Aktivität der Hormone und Nervenbahnen, die das Paarungsverhalten steuern, unterbrochen.

Möglicherweise verlieben sich Menschen, die sich im Kindesalter oder im frühen Teenageralter wegen eines Tumors an der Hypophyse operieren lassen mußten, nie im Leben. »Diese Menschen sind zwar in der Lage, anderen ihre tiefe Zuneigung zu zeigen«, erklärt ein Liebesforscher der John-Hopkins-Universität, »aber die meisten von ihnen werden nie das Phänomen der Paarbindung erleben – die Erscheinung, die wir meist als ›sich verlieben‹ bezeichnen.«

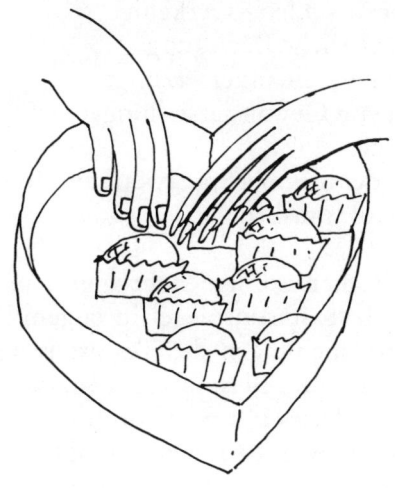

Süßes gegen gebrochene Herzen

Schokolade enthält Phenyläthylamin, den gleichen chemischen Stoff, den das Gehirn produziert, wenn sich ein Mensch verliebt. Die Substanz führt zu einem glücklichen, leicht träumerischen Erleben, indem sie den Herzschlag und den Energieausstoß des Körpers erhöht. Wie eine empirische Studie nachwies, haben Menschen häufig einen Heißhunger auf Schokolade, nachdem sie sich von ihrem Partner getrennt haben.

Testosteron

Der höchste Spiegel von Testosteron, das man hauptsächlich als männliches Hormon kennt, wird beim Mann kurz nach Tagesbeginn produziert. Männer erkennen dies an der »Morgenerektion«, die ohne erkennbaren Grund entstanden ist.

Alle folgenden Tätigkeiten bzw. Ereignisse bewirken beim Mann einen Anstieg des Testosteronspiegels.

- Gedanken an den Sexualakt
  bzw. echter Geschlechtsverkehr
- Leichte körperliche Bewegung
- Körperliche Auseinandersetzungen
- Betrachten von Gewaltdarstellungen
  im Fernsehen
- Erfolg bei / der Sieg bei Sportwettkämpfen
- Heftige Gefühlsausbrüche.

Zahlreichen Studien zufolge steht aggressives Verhalten mit einem hohen Testosteronspiegel in engem Zusammenhang. So haben Untersuchungen des Testosterongehalts bei Universitäts-Ringern zum Beispiel ergeben, daß der Sieger einen höheren Spiegel dieses Hormons im Blut aufwies als der Unterlegene. Nach Angaben einer ähnlichen Untersuchung spielten diejenigen Hockeyspieler am aggressivsten, die die höchste Testosteronkonzentration aufwiesen.

Daß Männer einen höheren Gehalt dieses Hormons im Blut haben als Frauen, kann ein Grund dafür sein, daß Männer eher mit dem Gesetz in Konflikt kommen. Männer begehen die Mehrzahl der Straftaten zu dem Zeitpunkt in ihrem Leben, wenn der Hormonspiegel seinen Höchststand erreicht. Für männliche Gefängnisinsassen gilt: Je höher der Testosteronspiegel im Erwachsenenalter, desto früher kommt es zur ersten Inhaftierung.

Zwar dominieren junge Männer im allgemeinen sämtliche Bereiche des gesellschaftlichen Lebens – vom Beruf bis zur Konversation, und in gemischten Gruppen reden Männer mehr und unterbrechen das Gespräch häufiger als Frauen. Doch nach der Lebensmitte tritt eine sonderbare Wende ein – die wahrscheinlich auf eine Veränderung im Testosteronspiegel zurückzuführen ist. Im Alter zwischen 50 und 60 Jahren reagieren Männer zunehmend ruhiger, während Frauen dominanter werden und an Selbstbewußtsein gewinnen. Bis zum 60. Lebensjahr nimmt bei Männern die Testosteronmenge mit einer Rate von 1 Prozent pro Jahr ab. Der Anteil des Hormons im Blutspiegel sinkt dann auf das Niveau eines Neunjährigen. Bei der Frau hingegen steigt der Testosterongehalt nach den Wechseljahren nicht nur, sondern einige Frauen bilden auch eine Gesichtsbehaarung aus. Auch wird ihre Stimme mitunter tiefer und bekommt einen etwas heiseren Klang.

Zweiter Teil

Unser Geist
und
unsere Sinne

Unser Gehirn

Unser fabelhaftes Gedächtnis

Stellen Sie sich einen Hot-dog vor – mit Ketchup, lecker und brühheiß. Können Sie ihn sehen? Ihn riechen? Ihn schmekken?

Sie können es. Und doch existiert der Hot-dog nicht wirklich. Damit unser Gehirn sich den Hot-dog vorstellen konnte, gab es Hunderte blitzschneller elektrochemischer Impulse zwischen seinen Neuronen ab – grauen Zellen, die gekrönt sind von baumähnlichen Zweigen. Mittels dieser Impulse hat unser Gehirn seinen geräumigen Aktenschrank voller Erinnerungen aufgeschlossen: Hot-dogs, die wir im Sportstadion gegessen haben; Hot-dogs, die überm Grill brutzelten; nicht ganz durchgebratene Hot-dogs; verbrannte Hot-dogs; spritzende Hot-dogs. Mit anderen Worten: es wurden alle Hot-dogs zusammengestellt, die wir schon einmal gesehen, gerochen oder geschmeckt haben.

Der Vorgang, mit dem man sich einen ganzen Einkaufswagen voller Erinnerungen an Hot-dogs ins Gedächtnis ruft, scheint blitzschnell abzulaufen. Das Gehirn braucht jedoch ein bißchen Zeit dafür. Unsere Gedanken und Erinnerungen pflanzen sich relativ langsam im Gehirn fort: das Tempo variiert zwischen 4,5 und 450 km/h. Haushaltsstrom fließt schneller. Eine einzige Hot-dog-Erinnerung verbraucht nur ein Zehntel der Energie, die ein einziges Partikel des sichtbaren Lichts enthält. Die Gesamtleistung des Gehirns beträgt lediglich 20 Watt; diese Energiemenge reicht nicht mal, eine normale Haushaltsglühbirne zum Leuchten zu bringen.

Das Gedächtnis kann rund 100 Milliarden Bits an Informationen speichern, das ist die 500fache Informationsmenge, die ein kompletter Brockhaus enthält. Wir sollten den 100 Milliarden Neuronen des Gehirns und den 100 Billionen Verbindungen für diese Erinnerungen dankbar sein – insgesamt sind es 1300 Gramm Erinnerung, wenn Sie zur »durchschnittlichen« Bevölkerung zählen. Von der Geburt bis zum Erwachsenenalter verdreifacht sich die Größe des Gehirns, doch vom Erwachsenenalter bis zum Pensionsalter schrumpft es um knapp 20 Gramm. Jeden Tag sterben zwischen 30 000 und 50 000 Gehirnzellen ab, die sich – anders als die anderen Zellen im Körper – nicht regenerieren. Im 65. Lebensjahr ist etwa ein Zehntel dieser Zellen verschwunden.

Die Fähigkeit, Erinnerungen zu bilden, erreicht ihren Höhepunkt zwischen dem 20. und 30. Lebensjahr; danach nimmt sie allmählich ab. Wichtige Daten und Erinnerungen werden jedoch in mehreren Orten überall im Gehirn »verbunden«, so daß wohl nur wenige Langzeiterinnerungen verlorengehen. Dies erklärt auch, weshalb sich ältere Leute oftmals gut an weit zurückliegende Vorfälle erinnern, häufig jedoch ganz banale Informationen des Kurzzeitgedächtnisses vergessen, wie zum Beispiel, was es zum Frühstück gab.

Wann erinnern wir uns am besten?

Der durchschnittliche Mensch kann eine fünf- bis siebenstellige Telefonnummer behalten, nachdem er einen kurzen Blick auf die Zahl geworfen hat. Betrachten Sie einmal 5 Sekunden lang die untenstehende Zahlenkolonne.

614920813106053815

Wie gut Sie die Zahl behalten, kann davon abhängen, zu welcher Tageszeit Sie sie betrachtet haben. Man hat festgestellt, daß das Kurzzeitgedächtnis morgens um 15 Prozent leistungsfähiger ist und das Langzeitgedächtnis nachmittags genauer funktioniert.

Neue Aufgaben, Wiederholungen und das Gedächtnis

Ist ein Finger für längere Zeit taub, so schrumpft die dazugehörige Gehirnregion. Wird ein Finger jedoch auf neue Weise benutzt, etwa wenn man Klavierspielen lernt –, oder mehr als sonst gebraucht, so wächst die entsprechende Gehirnregion sogar während des Lernvorgangs. Wiederholen wir eine Tätigkeit, so stärkt das im allgemeinen die Verbindungen zwischen den Gehirnneuronen und verbessert so unsere Gedächtnisleistung.

Photographische Erinnerungen

Ein eidetisches oder photographisches Gedächtnis ist ein seltenes Phänomen, das man in der Regel nur bei Kindern beobachtet. Meist geht dies außergewöhnlich lebhafte Erinnerungsvermögen im Zuge des Spracherwerbs verloren; die Gründe sind heute allerdings noch unbekannt. Der große englische Historiker Thomas Macaulay soll ein derartiges Gedächtnis gehabt haben. Es heißt, er habe seine Bücher ohne Nachschlagewerke geschrieben und ganze Buchkapitel nach nur einmaligem Lesen auswendig gekonnt. Um eine Wette zu gewinnen, lernte Macauly sogar einmal das Versepos *Paradise Lost* des englischen Dichters John Milton in einer einzigen Nacht auswendig.

Den Weltrekord hinsichtlich des photographischen Gedächtnisses hält Bhandanta Vicitasara in Rangun, Burma, der im Mai des Jahres 1974 die 16 000 Seiten eines buddhistischen Gebetsbuches auswendig lernte.

Intelligenzfaktoren

Das Testen der Tests

95 Prozent der Bevölkerung der USA erzielt bei Intelligenztests ein Ergebnis zwischen 70 und 130 Punkten. Das höchste jemals gemessene Ergebnis erreichte Marilyn Jarvik aus St. Louis, Missouri, die mit 10 Jahren einen Intelligenzquotienten von 228 besaß. Die Zahl der Menschen mit einem derart hohen Intellienzquotienten liegt nach Schätzungen unter 1 pro 1 Millionen Menschen.

Tatsächlich verbraucht das Gehirn von Menschen, die bei IQ-Tests gut abschneiden, weniger Energie, als das von Menschen, die ein schlechtes Ergebnis erzielten. Es wird daher angenommen, daß sie ein effektiveres Nervensystem haben. Interessanterweise ist während des Denkvorgangs das Gehirn der Frau besser durchblutet als das des Mannes. Dies mag zum Teil erklären, warum Frauen bei Intelligenztests besser abschneiden.

Einsteins Gehirn

Das Gehirn hält sein hohes Leistungsniveau aufrecht, indem es sich selbst »säubert« – das heißt, wenn die Neuronen des Gehirns durch Krankheit, Verletzung oder den Alterungsprozeß absterben, werden sie schnell von den Zellen des Nervengewebes verzehrt und verdaut, die dann die gesunden Neuronen mit Nahrung versorgen. Wie ein Forscher der Universität von Kalifornien herausfand, enthielt eine Probe des Gehirns von Albert Einstein über 73 Prozent mehr Nervengewebe-Zellen als »normal« ist. Möglicherweise liegt hier ein Zusammenhang mit Einsteins genialen Fähigkeiten verborgen.

Gelehrte Idioten

Die wissenschaftliche Forschung verzeichnet eine Auswahl von Menschen mit niedrigem IQ, die aber trotzdem in bestimmten Bereichen sehr begabt sind, wie zum Beispiel in der Kunst, der Musik oder im Rechnen. Geistig zurückgebliebene oder autistische Menschen mit diesen Talent-»Inseln« kennt man unter dem Namen »gelehrte Idioten«.

Die Ursache dieses Syndroms liegt in einer Schädigung der linken Gehirnhälfte während oder kurz nach der Geburt. Beim Fötus entwickelt sich die linke Gehirnhälfte später als die rechte und ist stärker vorgeburtlichen Einflüssen ausgesetzt. Um die Schädigung auszugleichen, vergrößert sich die rechte Gehirnhälfte; sie wird dominant und durchläuft in manchen Fällen eine »Überentwicklung«. Im Extremfall ist ein gelehrter Idiot mit geradezu übermenschlichen Rechtshirn-Fähigkeiten die Folge.

Das Verhältnis von männlichen zu weiblichen gelehrten Idioten ist 5 zu 1. Man glaubt, daß für diesen Unterschied die Produktion des männlichen Hormons Testosteron im Fötus verantwortlich ist. In seltenen Fällen kann dies zur Beeinträchtigung der Gehirnentwicklung führen. Weibliche Föten haben es da besser, denn die Plazenta kann mühelos große Teile des zirkulierenden Testosterons der Mutter absorbieren.

Hier einige berühmte gelehrte Idioten:
- Die autistischen eineiigen Zwillinge George und Charles kamen 3 Monate zu früh zur Welt und verbrachten 60 Tage im Brutkasten. Als junge Erwachsene waren sie in der Lage, in Sekundenbruchteilen den Wochentag zu errechnen, auf den vor über 40 000 Jahren ein bestimmtes Datum fiel. Auch konnten sie schildern, was für ein Wetter an einem willkürlich herausgesuchten Tag ihres Lebens herrschte. Zwar konnten die Zwillinge in Reihenfolge 300 Ziffern aus dem Gedächtnis aufsagen, doch keiner von ihnen konnte subtrahieren, multiplizieren, dividieren oder weiter als bis 30 zählen.

Als man sie vor einigen Jahren trennte, verschwanden ihre erstaunlichen Fähigkeiten.

■ Im Jahre 1920, als »K« 38 Jahre alt war, hatte »er« die geistige Reife eines Elfjährigen, und sein Vokabular bestand nur aus 58 Wörtern. Erstaunlicherweise kannte er aber nicht nur alle Städte in den USA mit mehr als 5000 Einwohnern auswendig, sondern konnte auch die Entfernung dieser Städte von New York oder Chicago, die Orte aller US-Verwaltungsbezirke sowie die Namen, Zimmernummern und Orte von 2000 Hotels in den USA aus dem Gedächtnis aufsagen. »K« konnte jede nordamerikanische Stadt einzig und allein nach ihrer Einwohnerzahl benennen.

■ Im ersten Jahrzehnt des 18. Jahrhunderts erlangte Jedediah Buxton Berühmtheit als der »Blitzrechner«. Er hatte die geistige Reife eines Zehnjährigen, doch begeisterte er Nachbarn, Freunde, Ärzte und Journalisten mit der blitzartigen Lösung mathematischer Probleme. Befragt, wieviele achtel Kubik-Inches (ein inch = 2,54 cm) ein dreidimensionaler Körper enthält, dessen drei Seiten 23 145 789 Yards (ein Yard = 0,9144 cm), 5 642 732 Yards und 54 965 Yards betragen, antwortete er mit der richtigen 38stelligen Zahl.

■ Alonso Clemens, der seit seinem 3. Lebensjahr an einer Gehirnschädigung litt, hatte schätzungsweise einen IQ von 40. Dennoch schuf er außergewöhnliche, lebensgetreue Tierskulpturen. In nur 20 Minuten konnte er aus einem Lehmklumpen ein Pferd, einen Stier oder einen Hund mit den feinsten Einzelheiten der Muskulatur, der Sehnen und der Muskelfasern gestalten. Heute werden für seine Kunstwerke zwischen 300 und 3000 Dollar gezahlt; einige erzielen sogar Preise von bis zu 45 000 Dollar.

■ Der blinde und geistig behinderte Leslie Lemke versetzte sein Publikum in ganz Amerika mit seinem ungewöhnlichen Klavierspiel in Erstaunen. Er konnte jedes Musikstück nach nur einmaligem Hören fehlerfrei nachspielen – ungeachtet, wie kompliziert es ist. Einmal spielte Leslie eine dreiviertelstündige Komposition nach, die er zum erstenmal gehört hatte, und erinnerte jede einzelne Note korrekt.

Zwei Gehirne in einem

Das Gehirn besteht aus 2 gleichgroßen Hälften oder Hemisphären. Die rechte Hemisphäre steuert die linke Körperseite, während die linke Hemisphäre die rechte Körperseite kontrolliert. Die beiden Gehirnhälften sind praktisch Spiegelbilder voneinander, doch weisen sie erhebliche Unterschiede auf. Um die verschiedenen Funktionen dieser zwei Gehirnhälften zu veranschaulichen, sollten wir uns einmal ansehen, welche Fähigkeiten verlorengehen können, wenn die eine oder andere Hemisphäre durch eine Verletzung oder Krankheit Schaden genommen hat.

Schädigung des Linkshirns

Defizite hinsichtlich der Sprache und des Sprechens
Menschen, die einen Schlaganfall erlitten haben, verlieren ihre Sprache, wenn die linke Gehirn-Hemisphäre vom normalen Blutzustrom abgeschnitten wird. Wird die eiförmige Stelle, das Brocasche Zentrum, in der linken vorderen Großhirnrinde verletzt, dann lassen sich die Gesichts-, Zungen-, Kinn- und Halsmuskeln nicht mehr koordinieren. Infolge einer Verletzung des Wernickeschen Sprachzentrums, das dicht neben der Gehörregion der Hirnrinde liegt, spricht der Patient ein seltsames Kauderwelsch. Dabei stimmen zwar Betonung, Melodie und der grammatikalische Aufbau der Sätze, die einzelnen Wörter haben jedoch jede Bedeutung verloren. Ein Patient mit Wernickescher Aphasie äußert typischerweise einen Satz wie diesen: »Ja, der Gribbel nosis bei Wubteß, aber ich mäbiß groffel auf den Grissestischen.«
Oft können Menschen mit einer Schädigung des Linkshirns zwar nicht sprechen, aber dafür sind sie in der Lage, zu singen, da diese Fähigkeit von der rechten Gehirnhälfte gesteuert wird.

Wort-Taubheit Sind die Verbindungen zwischen der Hörregion der Hirnrinde und dem Wernickeschen Sprachzentrum verletzt, so entsteht das Phänomen der Wort-Taubheit.

Die Betroffenen können zwar normal lesen, schreiben und sprechen, doch sind sie nicht imstande, die Bedeutung der gesprochenen Wörter zu verstehen.

Namens-Amnesie Eine Schädigung des Linkshirns behindert oft die Fähigkeit, sich an die Namen ganz vertrauter Menschen zu erinnern. Interessanterweise ist das Rechtshirn vorwiegend zuständig für das Wiedererkennen von Gesichtern, das Linkshirn für das Speichern von Namen. Deshalb fällt es schon einem »normalen« Gehirn recht schwer, Namen mit Gesichtern in Verbindung zu bringen.

Schädigung des Rechtshirns

Verlust der Tiefenwahrnehmung, des räumlichen Orientierungsvermögens sowie anderer Visualisierungsprozesse Menschen mit Rechtshirnverletzungen können oft nur schwer oder gar nicht ein Puzzle zusammenfügen oder auf der Landkarte einem bestimmten Weg folgen. Mitunter verlieren sie die Orientierung in ihnen vertrauten Gebäuden, bisweilen verirren sie sich sogar im eigenen Haus.

Verlust der Wahrnehmung der linken Welthälfte Das Rechtshirn verarbeitet die aus dem linken Auge kommenden Bilder. Menschen, die unter dieser mysteriösen Störung leiden, nehmen Objekte auf der linken Seite ihres Körpers nicht wahr. Einige Patienten mit dieser Hirnverletzung rasieren nur die rechte Gesichtshälfte oder nehmen keine Notiz von dem, was links auf ihrem Teller liegt. Wenn man sie bittet, eine Standuhr aufzuziehen, kann es passieren, daß sie lediglich die rechte Schnur herunterziehen. Jemand, der unter dieser Störung leidet, lehnte es einmal ab, seinen linken – gelähmten – Arm zur Kenntnis zu nehmen.

Amusie Musiker mit Amusie vergessen buchstäblich, wie man ihr Instrument spielt. Manchmal verlieren sie auch die Fähigkeit, zu singen.

Unfähigkeit, Gefühle zum Ausdruck zu bringen Eine kleine Region in der rechten vorderen Gehirnrinde ist für die Modulation unserer Stimme und unsere Gestik verantwortlich. Ist diese Region geschädigt, so verliert der Betreffende die Modulationsfähigkeit der Stimme, die sich dann flach oder »tot« anhört, und zwar auch dann, wenn er seiner Freude Ausdruck verleihen möchte. Viele Gefühlszustände stehen mit der Hirnrinde in Verbindung, zumal mit der rechten Hemisphäre. Patienten mit einer Rechtshirnschädigung machen sich oft keine Sorgen um ihre Behinderungen, da die lebenswichtigen Zentren der Gefühlsverarbeitung, die für Kummer und Niedergeschlagenheit verantwortlich sind, Schaden genommen haben. Folglich ist der Patient mit einer Linkshirnverletzung derjenige, der am intensivsten unter Verlustängsten und Depressionen aufgrund seiner Verletzung oder Krankheit leidet.

Prosopagnosie Kennzeichen dieser Störung ist die Unfähigkeit, sich Gesichter zu merken – darunter die von Familienangehörigen. In schweren Fällen kann sich der Betreffende nicht einmal mehr im Spiegel erkennen. Ein Prosopagnosie-Patient wird jedoch einen Freund erkennen, sobald er ihn sprechen hört, da die linke Gehirnhälfte für das Erkennen von Stimmen zuständig ist.

Auf der anderen Seite:
Die Verbindung von Kopf und Fuß

Weshalb wir linkshändig sind

Einige Studien legen den Schluß nahe, daß Babys, die überwiegend mit dem Kopf auf der rechten Seite liegen, Rechtshänder, und diejenigen, die sich nach links drehen, Linkshänder werden. Die meisten Fälle von Linkshändigkeit werden jedoch – so glaubt man – von geringfügigen Schädigungen des Gehirns vor oder während der Geburt verursacht. Wie zahlreiche Wissenschaftler glauben, lassen sich solche Schädigungen auf eine reduzierte Sauerstoffzufuhr vor der Geburt zurückführen. Diese Annahme stützt sich indessen allerdings stark auf Statistiken. So findet man bei Zwillingen ein hohes Vorkommen neurologischer Probleme aufgrund der beengten Verhältnisse im Mutterleib. Außerdem finden sich unter diesen Kindern doppelt soviel Linkshänder wie unter Einzelkindern. Auch Menschen mit einer geistigen Behinderung, Epileptiker und Kinder mit Lernschwierigkeiten sind in einem überproportional hohen Maß Linkshänder. Den größten Anteil gibt es unter Autistikern: 65 Prozent ziehen die linke Hand ihrer rechten Hand vor. Andererseits waren einige der bedeutendsten Gestalten der Menschheitsgeschichte, darunter Leonardo da Vinci, Michelangelo und Benjamin Franklin, Linkshänder. Die Häufigkeit der Linkshändigkeit ist überdurchschnittlich hoch unter bildenden Künstlern.

Linkshändige Astronauten

Zwar ist einer von 10 Menschen auf der Erde Linkshänder, aber unter den Astronauten des Apollo-Raumfahrtprogramms betrug das Verhältnis 1:4.

Gesundheit und Linkshänder

Linkshänder leiden stärker als andere Menschen unter Migräne, Allergien, Legasthenie, Stottern, Knochenmißbildungen und Schilddrüsenerkrankungen.

Linkshänder erholen sich jedoch besser als Rechtshänder von einem Schlaganfall, weil 40 Prozent von ihnen *beide* Gehirnhälften zur Sprachverarbeitung verwenden, anstatt nur die linke Seite, wie es bei Rechtshändern der Fall ist.

Die »Apotheke« im Gehirn

Das Gehirn ist seine eigene Apotheke. Es produziert über 50 auf die Psyche wirkende Substanzen, die das Gedächtnis, die Intelligenz und die Aggressionsbereitschaft beeinflussen und als Beruhigungsmittel wirken.

Endorphin ist zum Beispiel die körpereigene Version des

Schmerzmittels Morphin, allerdings hat es eine dreimal stärkere Wirkkraft. Oft werden diese natürlichen Schmerzmittel bei körperlicher Bewegung freigesetzt, etwa bei einem Langstreckenlauf und beim Lachen. (Vielleicht fühlen wir uns deshalb so wohl, wenn wir lachen.) Serotonin wiederum ist für seine stimmungsändernde Wirkung bekannt. Eine verringerte Serotonin-Konzentration im Gehirn hat man sowohl mit depressiven Verstimmungen als auch mit aggressivem Verhalten in Verbindung gebracht. Wie eine Studie ergab, haben Brandstifter und Mörder eine bedeutend geringere Menge Serotonin im Gehirn als die »Normalbevölkerung«. Eine andere Studie legt den Schluß nahe, daß das Essen von kohlehydratreicher Nahrung die Produktion von Serotonin bewirkt, und daß manche Menschen auf solche Gerichte dann Heißhunger bekommen, wenn der Spiegel dieser Substanz im Gehirn absinkt. Heutzutage experimentieren Ärzte mit Serotonin-ähnlichen Stoffen bei der Behandlung von Depressionen. Von Dopamin hingegen weiß man inzwischen, daß diese Substanz Menschen gesprächiger und leichter erregbar macht. Wie Forscher der Stanford-Universität herausfanden, weisen viele schüchterne Menschen eine niedrigere Konzentration dieses Gehirnhormons auf als gesellige Leute. Eine Gruppe verschreibungspflichtiger Medikamente, die Monoamin-Oxidase-Hemmer, erhöht den Dopamin-Spiegel im Gehirn. Wissenschaftler der Columbia-Universität setzen sie bei manchen Menschen erfolgreich zur Behandlung von Angstzuständen ein.

Hunger wird hauptsächlich von Cholesystokinen, einem weiteren Gehirnhormon, reguliert. Unter Cholesystokinen-Mangel leidende Versuchsmäuse haben einen unersättlichen Appetit und fressen praktisch alles, was ihnen unter die Augen kommt– einschließlich ihres Käfigs. Beim Menschen kann dieses Hormon bei der Korrektur von Eßstörungen oder auch als Hilfsmittel bei Abmagerungskuren eingesetzt werden.

Vom Kaffeetrinken ist bekannt, daß es zu einem besseren Abschneiden bei Prüfungen führt. Zahlreichen Untersuchungen zufolge stimuliert Koffein die Großhirnrinde und das Rückenmark, steigert die Konzentrationsfähigkeit und das Erinnerungsvermögen und führt zu einer kürzeren Reaktionszeit.

Das hungrige Gehirn

Die über 100 000 jede Sekunde im Gehirn ablaufenden chemischen Reaktionen verbrauchen nicht nur riesige Mengen des körpereigenen Energievorrats. Auch kann das Gehirn bei intensiver Konzentration die gleiche Kalorienmenge verbrauchen, wie die Muskeln bei sportlicher Betätigung benötigen. Deshalb kann uns Nachdenken ebenso erschöpfen wie sportliche Betätigung.

Bei Eisenmangel gelangt weniger Sauerstoff ins Gehirn als üblich. Dadurch verringert sich der Zeitraum, in dem wir uns konzentrieren können, und die Konzentrationsfähigkeit läßt nach. Die Folge ist eine gesteigerte Reizbarkeit. Sinkt die Eisenkonzentration im Körper, absorbiert das Gehirn zudem mehrere schädliche Metalle wie Cadmium (es stammt aus galvanisierten Trinkwasser-Rohren und aus Zigarettenrauch) und Blei (aus Autoabgasen und Umweltverschmutzung durch Industrieanlagen). Beide Metalle stehen im Zusammenhang mit geringer geistiger Leistungskraft.

Körperliche Betätigung dagegen erhöht die im Gehirn ankommende Sauerstoffmenge um bis zu 30 Prozent und führt so zu einer deutlichen Steigerung unserer geistigen Leistungsfähigkeit.

Kobolde im Gehirn

Wie wir Geräusche sehen und Farben hören

Zu den erstaunlichsten Gehirnerkrankungen gehört eine Erscheinung, die man als *Synästhesie* kennt, bei der unsere Sinneswahrnehmungen irgendwie durcheinandergeraten und sich überlappen. Neurologen zufolge können manche Menschen mit dieser Störung sogar Geräusche *sehen*, Wörter *schmecken* und Geschmacksrichtungen *fühlen*. In einem Fall stellte sich eine Frau in Oklahoma das Schnurren eines Kätzchens als eine lange, schwebende Kette vor. Das Klingeln eines Telefons weckte die Vorstellung von in der Luft hängenden, diamantenförmigen Gegenständen. Eine andere Frau mit Synästhesie schmeckte sogar Wörter: *Republikaner* schmeckte wie Pfirsichtorte, und *New York* schmeckte wie Toast. Ein Mann behauptete, er könne bestimmte Geschmacksrichtungen unterscheiden: sauer schmeckte stachelig, Hühnerfleisch eckig.

Die am häufigsten vorkommende Form der Synästhesie ist das »Farbenhören«, bei dem der Anblick von Farben Töne im Ohr des Hörers hervorruft. Ein Forscher überwachte die Gehirntätigkeit von Testpersonen, die diese »farbigen« Töne wahrnahmen. Dabei stellte er fest, daß die Durchblutung in der Großhirnrinde nachließ und im limbischen System zunahm. Beim Farbenhören scheint die höher entwickelte Informationsverarbeitung im Gehirn unterbrochen zu sein, und eine ältere, primitivere Sehweise übernimmt die Leitung. Im übrigen ist über diese Störung wenig bekannt, bis auf den Umstand, daß sich ähnliche Halluzinationen nach der Einnahme von LSD einstellen.

Das »gefühllose« Gehirn

Da das Gehirn keine Nervenenden hat, kann es verbrannt, eingefroren, geschlagen oder zerschnitten werden, ohne das geringste dabei zu spüren. Das mag auch der Grund dafür sein, warum Neurochirurgen vielfach Patienten ohne Betäubung operieren können. (Kopfschmerzen werden von Blutgefäßen verursacht, die ober- und außerhalb des Gehirns liegen.) Allerdings kann ein Chirurg durch die Berührung bestimmter Gehirnbereiche andere Körperregionen zu bestimmten Reaktionen veranlassen. Legt er die Sonde an eine bestimmte Stelle, kann dies beispielsweise ein Kribbeln in der Hand bewirken; berührt er eine andere Stelle, wird ein Kribbeln im Fuß ausgelöst und so weiter. Sogar Erinnerungen lassen sich auf diese Weise anregen. Durch eine elektrische Reizung des Schläfenlappens kann man höchst lebendige Erinnerungen an längst vergessene Bilder, Töne und Gerüche wieder aus der Erinnerung hervorholen.

Gehirntod

Noch bis zu 37 Stunden nach unserem Tod sendet das Gehirn
weiterhin elektrische Impulse aus.

Unsere innere Uhr

Unsere Lebenszeit: Unsere inneren Uhren

Die meisten Menschen wachen morgens auf, um zur Arbeit zu gehen, ohne zum Wecker greifen zu müssen, wie Forscher der Duke-Universität herausfanden. Untersuchungen beweisen, was viele von uns schon immer vermutet haben: Nicht nur besitzen wir alle eine innere Uhr – wir können sie sogar zur Genauigkeit erziehen.

An der Duke-Universität unterzog man Männer und Frauen Tests, um herauszufinden, ob sie innerhalb von 10 Minuten zu einer festgelegten Zeit aufwachen konnten. Man entfernte sämtliche Geräuschquellen aus den Zimmern, in denen die Testteilnehmer schliefen, so daß sie nur auf Hinweise aus dem Körperinneren angewiesen waren, um zur richtigen Zeit aufzuwachen. Ein hoher Prozentsatz der Personen war in der Lage, sich selbst zu wecken – ungeachtet der festgelegten Aufwach-Zeit. Diese uns angeborene Fähigkeit ist, wie die Forscher glauben, an die normalen Schlafrhythmen gebunden.

Geburt und Tod

Unsere inneren Uhren diktieren auch, wann Mütter ihr Kind zur Welt bringen. Seltsamerweise finden die meisten normalen Geburten zum nicht geringen Ungemach der jungen Eltern, die ein Kind erwarten, zwischen Mitternacht und 8 Uhr morgens statt.

Auch der Tod tritt meist in den frühen Morgenstunden ein. Wenn wir morgens um 10 Uhr noch leben, so bestehen gute Aussichten, daß wir auch noch den nächsten Tag erleben werden – gleichgültig, wie krank wir vielleicht sind.

Der zirkadiane Rhythmus

Zirkadiane Rhythmen – das sind die etwa 24stündigen Zyklen, nach denen sich die meisten unserer Körperfunktionen regulieren. Im Laufe des Tages erreichen über 100 Vorgänge in unserem Organismus, etwa die Zellteilung, die Aktivität der Nebennierendrüse, die DNA-Synthese, die Körpertemperatur, der Blutdruck und die Hormonproduktion, zu verschiedenen Zeiten ihren Höhepunkt. Der Energie-Spiegel, die Aufnahmefähigkeit unserer Sinne sowie unsere Stimmungen – sie alle werden von diesen natürlichen Schwankungen betroffen. Wir können uns morgens um 10 Uhr großartig fühlen und 3 Stunden später schlechterdings miserabel. Der Körper treibt aber keinen Unfug, sondern nimmt lediglich die erforderlichen Anpassungen vor.

Gleich einem übermäßig empfindlichen Thermostat regelt eine Gruppe von Zellen in dem Hypothalamus, daß sich die Anpassungen des Körpers im Gleichklang mit der Umwelt vollziehen. Das Auf- und Untergehen der Sonne, die Zu- und Abnahme des Mondes, ja selbst jahreszeitliche Änderungen spielen eine wichtige Rolle bei der Frage, wie diese Zellen die innere Uhr unseres Organismus »stellen«.

Wie sich der Körper im Laufe des Tages verändert

7 bis 9 Uhr

Der Körper bringt sich für den bevorstehenden Tag in Schwung. Der Herzschlag beschleunigt sich, die Körpertemperatur steigt, die Adrenalin-Ausschüttung erreicht ihren Höhepunkt. Und das Ergebnis? Mehr Menschen über 65 Jahren erleiden in dieser Zeit einen Herzinfarkt oder Schlaganfall als zu irgendeinem anderen Zeitpunkt des Tages. Die Mehrzahl aller Todesfälle – einschließlich des Selbstmordes – fällt in diesen Zeitraum.

Den Asthmatikern hilft ihr Medikament jedoch am meisten kurz nach dem Aufwachen, und am geringsten ist seine Wirkung am Nachmittag und am Abend.

9 bis 11 Uhr

Dem schlimmsten Abschnitt des Tages folgt einer der besten. Wie klinische Tests zeigen, ist der Körper nach 9 Uhr am wenigsten schmerzempfindlich und der Grad der Angst am geringsten. Psychiater halten dies für eine gute Zeit, wichtige Entscheidungen zu fällen, weil wir uns dann vorwiegend vom Verstand leiten lassen.

Unsere Konzentration ist am höchsten am späten Vormittag, wenn die Körpertemperatur steigt. Das Kurzzeitgedächtnis hat jetzt einen 15 Prozent höheren Wirkungsgrad, und auch unsere Problemlösungsfähigkeit ist jetzt überdurchschnittlich gut entwickelt.

Mittag

Mittags sieht man am besten.

13 bis 14 Uhr

Unser Energie-Spiegel und unsere Konzentration lassen vorübergehend nach. Wissenschaftler spekulieren, daß solche frühnachmittäglichen Flauten möglicherweise eine Anpassung der Evolution darstellen. Sie sollen unsere Aktivität dann begrenzen, wenn die Sonne im Zenit steht und der Körper die größte Anfälligkeit für Hitzschläge und Sonnenbrand zeigt. Tiere suchen in dieser Zeit – zumal in der Äquatorialregion – häufig Schutz im Schatten.

15 bis 16 Uhr

Die beste Zeit, um Sport zu treiben: Muskelkraft, körperliche Beweglichkeit und aerobisches Vermögen erreichen ihren Höhepunkt. Auch das Langzeitgedächtnis funktioniert deutlich besser in dieser Stunde. Zu einem zweiten Höhepunkt in der Sterblichkeitsrate kommt es um 16 Uhr. Statistiken verzeichnen für diesen Zeitraum eine ungewöhnlich hohe Zahl von Verkehrsunfällen mit Todesfolge.

17 Uhr

Der Blutdruck erreicht seinen Höhepunkt. Geschmacks- und Geruchssinn sind am deutlichsten ausgeprägt. Vermutlich kommt darin zum Ausdruck, daß sich unser Körper nun auf die größte Mahlzeit am Tage einstellt. Übrigens: Die heftigsten Streitereien finden in den meisten Familien kurz vor dem Abendessen statt.

18 bis 19 Uhr

Wenn Sie Diät halten, ist dies die schlechteste Tageszeit dafür. Aufgrund von Schwankungen im Stoffwechsel werden nun mehr Kalorien in Fett umgewandelt als am Vormittag.

20 bis 23 Uhr

Damit sich der Körper ausruhen und erholen kann, schalten die Gehirnhormone Serotonin und Adenosin die chemisch-elektrische Aktivität einiger Neuronen ab und rufen ein schläfriges Gefühl und das Bedürfnis zu schlafen hervor. Sinkt die Körpertemperatur ab, verlangsamt sich auch der Stoffwechsel. Das Gehör bleibt jedoch die ganze Nacht hindurch geschärft. Diese entwicklungsgeschichtliche Anpassung schützt uns vor Gefahren während einer Zeit, da wir am verwundbarsten sind.

Mitternacht bis 3 Uhr

Der Blutdruck, die Herzfrequenz sowie die Ausschüttung der Streßhormone erreichen in diesen Stunden ihren Tiefpunkt. Entgegen dem landläufigen Verständnis sterben in den Stunden nach 23 Uhr am wenigsten Menschen. Ein Herzinfarkt schlägt selten gegen Mitternacht zu, weil der Körper zu der Zeit am entspanntesten ist. Junge Paare, die ein Kind erwarten, sollten jedoch aufpassen – die verbreitetste Zeit für das Einsetzen der Wehen ist 1 Uhr in der Früh.

4 Uhr

Auch in gut geheizten Räumen fröstelt man, weil die Körpertemperatur jetzt auf den niedrigsten Stand überhaupt fällt. In dieser Zeit verspüren Arbeiter, die nicht an Nachtarbeit gewöhnt sind, am ehesten Schläfrigkeit, wodurch ihre Arbeitsleistungen rapide absinken. Wie Statistiken beweisen, kommt es während dieser Zeit zu ungewöhnlich vielen Betriebsunfällen. Der Unfall im Atomkraftwerk Three Mile Island fand um 4 Uhr morgens statt – er wurde auf »menschliches Versagen« zurückgeführt. Eine Warnung für Asthmatiker sei angefügt: Nun erhöht der Körper die Produktion von Histamin, wodurch wir häufiger niesen.

Der Blues am Montagmorgen

Wenn man am Wochenende lange ausschläft, verstärkt sich der Montagmorgen-Blues noch, wie Forscher der Stanforder Klinik zur Behandlung von Schlafstörungen meinen. Dafür gibt es einen schlichten Grund: Die meisten Menschen funktionieren nach einer überlasteten biologischen Uhr.

Zwar sind die meisten von uns in der Woche auf einen Schlaf-Fahrplan von 23 Uhr bis 7 Uhr eingestellt, aber am Wochenende »stellen« wir unseren inneren Rhythmus um. Vielleicht bleiben wir am Freitag bis nach Mitternacht auf und wachen erst um 8 Uhr morgens auf. Am Samstag entfernen wir uns möglicherweise noch weiter von unserem Wochen-Schlafrhythmus, gehen erst um 2 Uhr ins Bett und wachen um 10 Uhr auf. Nähert sich der Sonntagabend, wollen wir womöglich wieder wie sonst um 23 Uhr zu Bett gehen, doch stellen wir auf einmal fest, daß wir nicht richtig einschlafen können. Uns ist klar, es ist töricht, während der Woche 3

Stunden früher, also um 20 Uhr, zu Bett zu gehen. Nur begreifen wir nicht, daß sich derselbe Gedanke auch auf den Sonntagabend anwenden läßt. Wenn wir im Bett liegen und die innere Uhr uns mahnt, wir sollen nun eigentlich wach sein, dann ist es keine Überraschung, daß unser Geist höchst aktiv wird und wir daran denken, welche Arbeiten am nächsten Tag zu erledigen sind. Und der Montagmorgen-Blues? Ist unser wöchentlicher Schlafrhythmus schon recht anstrengend, so entspricht das Aufstehen um 7 Uhr am Montagmorgen einer »Körperzeit« von 4 Uhr morgens – dem schläfrigsten Abschnitt unseres körpereigenen Rhythmus.

Unser Schlaf und unsere Träume

Der Zweck des Schlafes

Langsam kommen die Wissenschaftler unseren Schlafmechanismen auf die Spur. Doch die Frage: »*Warum* schlafen wir?« liegt nach wie vor im dunkeln.

So behauptet eine Theorie, der Schlaf habe sich entwickelt, um Tieren in der Nacht – der gefährlichsten Zeit im 24-Stunden-Zyklus – Schutz zu bieten. Wenn sich ein Tier in eine Erdspalte wühlt oder oben auf einem Baum friedlich döst, besteht eine wesentlich geringere Wahrscheinlichkeit, daß es einem seiner natürlichen Feinde zum Opfer fällt.

Eine andere Theorie behauptet, daß das Schlafen den Kalorienverbrauch senkt: Liefe ein Tier den ganzen Tag umher, so würde es enorme Energiemengen verbrauchen und müßte noch mehr Jagd auf Nahrung machen. Diese ist jedoch nicht immer in ausreichender Menge vorhanden. Deshalb würde sich die Wahrscheinlichkeit erhöhen, daß das Tier an Unterernährung stirbt. Der Schlaf legt den Körper still, wir verbrauchen weniger Kalorien, wodurch wiederum weniger Nahrung zum Überleben nötig wird.

Vielleicht hängt die Schlaf-Funktion, wie einige Wissenschaftler glauben, auch mit einer Kombination aller dieser Faktoren zusammen.

Der Zweck des Schlafes bleibt also weiter umstritten, *wie* wir einschlafen, über den Mechanismus der Gehirntätigkeit *während* der Schlafphasen sowie den Inhalt und die Bedeutung unserer *Träume* – darüber besitzen wir gültige Informationen. Betrachten wir also dieses Phänomen einmal genauer.

Einschlafen

Das Gähnen

Die meisten Menschen gähnen bevor sie einschlafen. Sind sie gelangweilt, besorgt oder einfach nur müde, haben sie vermutlich schon mehrmals gegähnt – zumal dann, wenn sie anderen dabei zugesehen haben. Das Gähnen ist eine Körperfunktion, die sich weitgehend in Geheimnis hüllt.

Warum wir gähnen, weiß eigentlich niemand. Über Jahre hinweg glaubte man, wir würden damit die Lunge mit mehr Sauerstoff füllen. Neueste Denkrichtungen vertreten die Auffassung, wonach das Gähnen in Wirklichkeit der Lunge zu viel Sauerstoff zuführt, den sie gar nicht verarbeiten kann. Wenn man gähnt, folgt in der Regel eine kurze Apnoe, also ein Atemstillstand.

Heute glauben Ärzte, daß das Stärkungsgefühl, das sich nach einem kräftigen Gähner einstellt, nicht von einer vermehrten Sauerstoffzufuhr stammt, sondern vielmehr vom Ausstoß überschüssigen Kohlendioxyds im Blut. Am Ende führt ein ordentlicher Gähner zu einer verbesserten Durchblutung, die durch das Strecken und Sichzusammenziehen der Muskeln von Hals und Brust entsteht.

Psychisch Kranke gähnen nur selten, und Schwerkranke

stellen meist das Gähnen ein, bis es ihnen wieder besser geht. Ärzte sehen in einem Gähner häufig ein erstes Zeichen der Besserung. Alle Tiere gähnen – selbst Fische und Reptilien. Paviane gähnen, um ihre Rivalen einzuschüchtern, sie blekken die Reißzähne.

Halluzinationen vor dem Einschlafen

Das Einschlafen setzt mit einer raschen Abfolge von Vorstellungsbildern ein – gleichsam mit einer Phantom-Diashow, die man unter dem Begriff der *hypnagogischen Halluzinationen* kennt. Diese Vor-Schlaf-Bilder sind normalerweise einfache Schnappschüsse dessen, was wir tagsüber erlebt haben. Sind die Eindrücke aber zu realistisch, kann es sein, daß wir gelegentlich aufschrecken. Meistens locken uns diese Halluzinationen sanft in den Schlaf, jedoch nicht in den Zustand des Träumens. Deshalb unterschieden sie sich auch grundsätzlich von echten Träumen.

Wir winden uns in den Schlaf

Wenn wir am Rand des Einschlafens verharren, verspüren wir mitunter ein schwebendes oder sinkendes Gefühl – eine universelle Erscheinung, die die meisten Menschen als sehr angenehm empfinden. Die Augen beginnen mit langsamen, rollenden Bewegungen, als ob wir einem riesigen Ball zusähen, der sich fortwährend dreht. Jetzt »winden« wir uns in den tiefen Schlaf hinab.

Zuckungen vor dem Einschlafen

Der eigentliche Schlaf beginnt mit einem raschen Zucken der Beine, der Arme oder auch des Kopfes, das man unter dem Fachbegriff *Myoklonie* kennt. Die Zuckungen bleiben meist unbemerkt, können uns aber wieder ganz wach werden lassen; sie werden von einem jähen Ausbruch chemisch-elektrischer Gehirntätigkeit ausgelöst und ähneln einem epileptischen Anfall. Nach den myoklonischen Zuckungen setzt dann der echte Schlaf ein.

Die Schlafphasen

Sind wir dann eingeschlafen, durchlaufen wir 4 verschiedene Phasen. Die 1. Phase ist gekennzeichnet durch ein Nachlassen der Muskelspannung und eine veränderte Aktivität der Gehirnströme. In dieser Übergangsphase ist unser Schlaf besonders leicht. Sie dauert in der Regel etwa 20 Minuten.

In der 2. Phase verlangsamen sich die Gehirnwellen, und wir fallen in einen tieferen Schlummer. Selbst mit weit aufgerissenen Augen sind wir in dieser Phase im wahrsten Sinne des Wortes blind. Wir wären nicht in der Lage, irgend etwas zu sehen – nicht einmal eine Hand, die an unserem Gesicht vorbeizieht –, da die Verbindung zwischen Auge und Gehirn unterbrochen ist. Über die Hälfte der Zeit, die allein dem Schlaf gewidmet ist, verbringen wir in Phase 2, in der wir nicht träumen.

Phasen 3 und 4 sind gekennzeichnet von noch langsameren Gehirnströmen, doch der Tiefschlaf findet erst in Phase 4 statt. Mysteriöserweise wird die höchste Konzentration des körpereigenen Wachstumshormons in dieser Schlafphase ausgeschüttet.

Nachdem wir einige Minuten in Phase zwei zurückgefallen sind, beginnen wir zu träumen.

Die geheimnisvolle Welt der Träume

Wie wir träumen

Träume haben ihren Ursprung in der rechten Gehirnhälfte, und wir alle – das heißt, mit Ausnahme derjenigen, die an einer Rechtshirnverletzung leiden – träumen, ob wir uns nun daran erinnern oder nicht. Als Faustregel gilt: Wollen wir uns an unsere Träume erinnern, müssen wir während der Traumschlafphase aufwachen. Da Kinder 25 Prozent mehr träumen als Erwachsene, erinnern sie sich auch öfter an die Traumbilder.

Jeder Mensch ändert, wie Schlaf-Forscher herausfanden, seine Schlafstellung kurz vor und kurz nach der Traumphase. Diese erforderliche Anpassung trägt zur Anregung des Blutkreislaufes bei.

Befinden wir uns erst einmal im Traumzustand, werden die für die Muskelkonzentration zuständigen motorischen Nervenzellen chemisch gehemmt. Bis auf die Augen, den Mund sowie die Finger und Zehen kommen alle Körperteile zur Ruhe. Diese notwendige Funktion unseres Organismus soll verhindern, daß wir plötzlich aus dem Bett steigen und unsere Träume ausagieren. Bei manchen Menschen ist der Mechanismus der Schlaf-Lähmung gestört, und wir schlafwandeln, wobei die Folgen von lustig bis tödlich rangieren.

Beim Träumen bewegen sich die Augen schnell hin und her – so, als ob wir realen Bewegungen zuschauten. Dieses Phänomen heißt »Rapid-eye-movement« (REM)-Schlaf. Die körperlichen Reaktionen während des REM-Schlafs weisen eine verblüffende Ähnlichkeit mit denjenigen auf, die leichte Angstzustände hervorrufen: Die Herz- und die Atemfrequenz beschleunigen sich, Schweiß und Magensäure werden vermehrt produziert, der Blutdruck und der Blutfett-Spiegel steigen an. Der Großteil des REM-Schlafs ist sexuellen Inhalts. Im Schlaf strömt Blut in den Penis und die Klitoris und bewirkt ihre Versteifung. Diese erste, nur einige wenige Minuten dauernde Schlafphase ist die kürzeste der Nacht. Hat die schlafende Person zu Ende geträumt, so verfolgt sie alle Phasen bis zum leichteren Schlaf zurück und durchläuft anschließend die Tiefschlafphasen, bis sie von neuem zu träumen beginnt.

Die Traumdauer nimmt zu, während die schlafende Person von einem Schlafzyklus in den nächsten gelangt. Die letzte Traumphase tritt kurz vor Tagesanbruch ein, kann über eine Stunde dauern und handelt meist von Träumen über unsere Vergangenheit.

Auch der emotionale Inhalt verstärkt sich, je länger wir träumen. Die bizarrsten Traum-Szenarios – Flugträume, Träume, in denen wir nackt sind oder in denen rezitierende Krokodile vorkommen – stellen sich stets gegen Morgen ein.

Kleinkinder und Träume

Kleinkinder träumen mehr als Erwachsene. Wer vorzeitig auf die Welt kam, träumt noch mehr. Föten träumen fast ununterbrochen. Was sie träumen, wissen wir natürlich nicht.

Die Träume der Blinden

Menschen, die von Geburt an blind sind, träumen von Geräuschen und Formen. Mitunter läßt sich beobachten, wie sie imaginäre Gegenstände im Schlaf »ertasten«.

Reden im Schlaf

Bei Kindern und auch Erwachsenen ist das laute Reden im Schlaf nichts Ungewöhnliches. Annähernd 70 Prozent aller Menschen plappern normalerweise im Schlaf. Was sie sprechen, ist jedoch häufig bruchstückhaft und ergibt Sinn nur für den Schlafenden.

Das träumende Herz

Manchen Menschen bleibt das Herz stehen, wenn sie träumen. Dieser Herzstillstand hält manchmal nur einige Sekunden an, kann aber auch bis zu 9 Sekunden dauern.

Die verbreitetsten Träume

Umfragen zufolge sind die hier nach ihrer Häufigkeit aufgelisteten Träume am verbreitetsten:
1. Stürze in die Tiefe
2. Verfolgt oder angegriffen werden.
3. Versuchen, eine Aufgabe zu bewältigen, aber wiederholt dabei scheitern.
4. Aktivitäten in Schule und Beruf.
5. Sexuelle Erlebnisse.

Menschen im Alter zwischen 18 und 28 Jahren neigen stärker zu Träumen über Fremde als irgendeine andere Altersgruppe. Ältere Menschen träumen häufiger von ihren Familienangehörigen. Eltern träumen öfter von ihren Kindern, und Kinder träumen mehr von den Eltern. Ungefähr bis ins letzte Jahrzehnt träumten Frauen am meisten von den ihnen vertrauten Schauplätzen im Haus, aber seit immer mehr Frauen berufstätig sind, haben Szenarien über den Beruf und das Leben außerhalb des Hauses die »häuslichen« Träume verdrängt. Männer träumen doppelt sooft über Männer wie über Frauen. Männer träumen außerdem von ihrem Beruf, von Abenteuern und vom Sport, und ihre Träume haben eher aggressive Themen zum Inhalt. Bisweilen handelt es sich um gewalttätige

Erlebnisse mit fremden Männern oder Sex mit einer Unbekannten.

Die Träume von Kindern haben am häufigsten Eltern und Freunde sowie wilde Tiere und die Angst vor Insekten zum Inhalt. Mit zunehmendem Alter träumen Kinder immer weniger von Tieren.

Schwangerschaft und Träume

In den ersten 6 Monaten der Schwangerschaft träumen Frauen am meisten über ihre Ehemänner, im letzten Schwangerschaftsdrittel dagegen häufiger über Babys. Zuweilen sind diese Babyträume von erschreckender Prägnanz. Werdende Mütter träumen manchmal, daß ihr Baby bereits zur Welt gekommen ist und gehen oder auch schon sprechen kann. In Alpträumen kommen Kinder vor, die zu groß oder zu klein geboren worden sind. Mitunter träumen Frauen davon, ein Tier zu gebären oder ein halbes Dutzend Kinder auf einen Schlag zu bekommen. Solche Träume können von Tagesängsten oder von hormonellen Veränderungen infolge der Schwangerschaft hervorgerufen werden.

In einer vom San Francisco Neonatal and Obstetrical Research Laboratory durchgeführten Studie wurde festgestellt, daß Schwangere am häufigsten von folgenden Themen träumen. Die Themen sind nach der jeweiligen Schwangerschaftsphase unterteilt:

Erstes Drittel:	Frösche, Würmer, Topfpflanzen
Zweites Drittel:	niedliche Tiere mit Fell (zum Beispiel Kätzchen).
Drittes Drittel:	Löwen, Affen, Barbie-Puppen.

Alpträume

Im allgemeinen gilt: Je mehr Streß wir tagsüber ausgesetzt sind, desto höher ist die Wahrscheinlichkeit, daß wir nachts schlecht träumen. Die verbreitetsten Ursachen für Alpträume sind Angstzustände, Depressionen, Erschöpfung und die Einnahme von Beruhigungsmitteln.

Todesträume – ein Warnzeichen?

Oft haben Träume über den Tod oder die Trennung von Angehörigen keine Bedeutung, doch Forschungen am Medical Center der Universität Rochester zufolge können sie die Verschlechterung einer schweren Erkrankung, wie etwa einer Herzkrankheit, anzeigen. In einer an 49 Patienten durchgeführten Studie stellte sich heraus, daß sich der Zustand schwerkranker Männer und Frauen, die vom Sterben oder einer Trennung träumten, meist noch verschlechterte.

Offenbar weisen diese Todes-Träume unser Unterbewußtsein darauf hin, daß eine Krankheit sich verschlimmert hat, und es will uns sagen, was es durch die Traumbilder erfahren hat.

Tatsächlich kündigt sich der Beginn zahlreicher Krankheiten durch Schlafanomalien an. Beispielsweise steuern manche ältere Menschen, die mehr als 10 ½ oder weniger als 4 ½ Stunden pro Nacht schlafen, möglicherweise auf eine ernste Krankheit zu. Wie Studien zeigen, gehen Krebs, Herzkrankheiten sowie anderen schweren Krankheiten normalerweise eine ungewöhnliche Schlafdauer voraus. Das entscheidende Wort ist hier *ungewöhnlich*: Es geht um eine unvermittelt auftretende *Änderung* der Schlafgewohnheiten – nicht, *wieviel* ein Mensch schläft, sollte die Warnflagge hochgehen lassen.

Weitere vermischte Nachrichten über den Traum

Schlafdauer im Verlauf des Lebens

Alter (Jahre)	Tägliche Schlafdauer (in Stunden)
Fötus	Fast durchgehender Schlaf
Neugeborenes	19
6	11
12	8
25	7 ½–8
40	7
48	6
60	5 ½

Einige Untersuchungen legen den Schluß nahe, daß wir mit zunehmendem Alter immer weniger Schlaf brauchen. Außerdem nehmen Schlafstörungen aufgrund körperlicher Beschwerden und Störungen wie etwa Apnoe – ein durch CO_2-Mangel ausgelöster Atemstillstand – im Alter zu.

Schlaflosigkeit

Ein über 48 Stunden dauernder Schlafentzug verursacht in der Regel Halluzinationen und psychotische Reaktionen. Der Weltrekord für das Ausharren ohne Schlaf beträgt 11 Tage (264 Stunden und 12 Minuten). Schlafforscher halten dieses Kunststück jedoch für höchst gefährlich.

30 Millionen Amerikaner leiden unter Schlafstörungen. Die Mehrzahl der Männer hat die ersten Schwierigkeiten mit dem Einschlafen in den Mittzwanzigern, Frauen haben dieses Problem mit Mitte Vierzig.

Während die schlafende Person normalerweise ihre Schlafstellung rund 30mal ändert, wälzen sich unter Schlaflosigkeit leidende Menschen über 100mal hin und her.

Wenn uns der Partner fehlt

Wie Schlafstudien zeigen, drehen wir uns fast immer der Seite des Bettes zu, auf der eigentlich sie oder er liegt.

Schlummern

Ein kurzer Nachmittagsschlaf ist gesund. Eine Studie legt den Schluß nahe, daß von den Menschen, die sich nach dem Essen aufs Ohr legen, 30 Prozent weniger an koronaren Herzkrankheiten leiden; die Gründe dafür sind allerdings noch nicht bekannt.

Das Dösen der Tiere

Menschen bleiben länger wach als Tiere. Fledermäuse, Katzen, Stachelschweine, Löwen, Gorillas und Beutelratten schlafen 18 bis 20 Stunden täglich; einige Waldmurmeltiere schlummern sogar bis zu 22 Stunden. Tauben öffnen häufig die Augen im Schlaf und halten so Ausschau nach ihren natürlichen Feinden. Delphine schlafen erstaunlicherweise nur »halb«, denn ihr Gehirn schaltet stets nur eine Hälfte ab.

Träume hat man bei allen untersuchten Tieren beobachtet, mit Ausnahme des Ameisenbärs. Pferde und Ratten träumen 20 Prozent der Zeit, in der sie schlafen. Im Stall gehaltene Kühe träumen jede Nacht 40 Minuten, während Kühe, die auf der Weide schlafen, nur halb so viel träumen.

Die Kreativitäts-Verbindung

Wie Untersuchungen zeigen, träumen kreative Personen und neurotische Menschen mehr im Schlaf und wachen erfrischter auf als andere. Von Albert Einstein heißt es, er habe 10 Stunden pro Nacht geschlafen. Napoleon, Winston Churchill und Thomas Edison hingegen schliefen pro Nacht 6 Stunden oder weniger.

Wann die Amerikaner meist aufwachen

Zeit	Prozentsatz der Menschen, die schon aufgestanden sind
Vor 6 Uhr	25
Zwischen 6 und 7 Uhr	32
Zwischen 7 und 8 Uhr	14
Zwischen 8 und 9 Uhr	5
Nach 9 Uhr	5

(Nachtarbeiter bilden den restlichen Anteil von 19 Prozent.)

Unsere Ohren und unser Gehör

Wie ein Gehör funktioniert

Wie sich das Miauen einer Katze anhört, erkennt man sofort. Man weiß auch, welcher Stimmung eine Katze ist – dazu muß man bloß auf den Klang ihrer Stimme achten. Schnurrt sie, bedeutet das, daß sie rundum zufrieden ist. Faucht sie, ist sie wütend oder hat plötzlich Angst bekommen. Und wer kennt nicht das Jaulen einer Katze, der man soeben auf den Schwanz getreten hat? Katzen können sich glücklich schätzen, daß wir Menschen ein »Ich fühle mich wohl«-Miauen von einem »Geh von meinem Schwanz runter!«-Miauen unterscheiden können.

Zwar kann man ein Miauen nicht »sehen«, aber der Ton verursacht unterschiedliche Schallwellen, während er sich durch die Luft fortbewegt. Verschiedene Töne bewirken verschiedene Klangmuster. Die Schallwellen, die die Ohren erreichen, werden vom Trommelfell zurückgeworfen, das als

Reaktion darauf mitschwingt. Je nach Tonhöhe und -volumen schwingen die Trommelfelle dabei langsam, schnell, weich oder hart.

Drei Knöchelchen im Mittelohr – der Hammer, der Amboß und der Steigbügel – empfangen diese Schwingungen, verstärken sie und senden sie dann zu der schneckenförmigen Cochlea mit ihren 25 000 winzigen Haarzellen. Die Cochlea wandelt die Schwingungen in chemisch-elektrische Impulse um, die zum Hörnerv weitergeleitet werden und von dort zur Gehörregion der Hirnrinde auf jeder Seite des Gehirns gelangen. Sodann sucht das Gehirn in seinen Akten sofort nach Erinnerungen an Katzen, zieht eine Karteikarte, die seinen Bedürfnissen gerecht wird, und befiehlt dem Körper, entsprechend darauf zu reagieren – in diesem Fall: den Dosenöffner zu holen und eine Dose Katzenfutter für Mieze aufzumachen.

Das empfindliche Ohr

Um einige der Klangfrequenzen nahe 3000 Hertz (Schwingungen pro Sekunde) aufzuspüren, dürfen die Schwingungen im Trommelfell bis zu einem milliardstel Zentimeter klein sein. Das entspricht einem Zehntel des Durchmessers des Wasserstoffatoms. Der Mensch ist in der Lage, Tonfrequenzen zwischen 20000 Hertz (das ist höher als der Ton einer Pikkoloflöte) und 20 Hertz (tiefer als eine Baßgeige) zu hören.

Das Gehör des Menschen und das der Tiere im Leistungsvergleich

Fledermäuse und fliegende Hunde können Tonfrequenzen bis zu einer Höhe von 210000 Hertz wahrnehmen. Das ist zehnmal höher als beim Menschen. Delphine haben ein noch empfindlicheres Gehör. Sie können Töne bis zur Höhe von 280000 Hertz hören. Fledermäuse wie auch Delphine verwenden ihr Hochfrequenz-Gehör bei der sonaren Ortung von Hindernissen.

114

Das überhaupt beste Gehör über weite Entfernungen hat aber der Fennek, dieser kleine afrikanische Fuchs kann mit seinen großen Ohren noch die Bewegungen eines 1 ½ Kilometer entfernten Tieres hören.

Klangbestimmung: Warum wir zwei Ohren haben

Je nach seinem Ursprung erreicht ein Klang das eine Ohr um Sekundenbruchteile schneller als das andere Ohr. Indem das Gehirn die Differenz der Empfangszeiten zwischen den Ohren errechnet, kann es das Geräusch mit einer Genauigkeit von 2 bis 3 Grad lokalisieren.

Die Eule kann Geräusche noch genauer bestimmen, da ihr eines Ohr etwas weiter vorne am Kopf liegt als das andere. Diese Anpassung erlaubt es ihr, einen Klang innerhalb eines Grades zu lokalisieren.

Warum wir keine Vorgänge im Körper hören können

Die Evolution hat uns Ohren geschenkt, die hohe Töne besser als niedrige erkennen. Darum können wir auch die Stimme einer Frau aus größerer Entfernung hören als die eines Mannes. Zumal unter Idealbedingungen kann man die Stimme eines Mannes aus einer Entfernung von 200 Metern, die Stimme einer Frau sogar aus einer noch etwas größeren Distanz hören. Wollten wir unsere Ohren auf niedrigere Töne einstellen, so könnten wir das Gurgeln und Rauschen der Vorgänge im Körper hören – einschließlich der Geräusche des in unseren Gefäßen kreisenden Blutes. Mehr noch: Da unser Puls einen ungeheuren Lärm im Ohr verursachen würde, weist der Teil des Ohres, in dem die Schallwellen in Nervenimpulse umgewandelt werden, keinerlei Blutgefäße auf. Statt Blut zu empfangen, schwimmt dieser Bereich ständig in aufgelösten Nährstoffen.

Unsere Stimme auf dem Kassettenrecorder

Beim Sprechen wird der Klang unserer Stimme durch unsere Knochen geleitet, wodurch sich die Tonqualität ändert. Das erklärt, warum viele Menschen oft den Klang der eigenen Stimme nicht erkennen, wenn sie vom Kassettenrecorder abgespielt wird, denn es werden ja nur »luftgeleitete« Töne aufgezeichnet. Wie der Kassettenrecorder, so nehmen auch unsere Freunde unsere Stimme ausschließlich mittels Luftleitung wahr.

Unser musikalisches Ohr

Es ist wissenschaftlich nachgewiesen, daß unter der »unmusikalischen« Bevölkerung das linke Ohr insgesamt eine Melodie besser erkennen kann als das rechte; bei ausgebildeten Musikern ist dagegen das rechte Ohr überlegen.

116

Stellt doch mal die Musik ab!

Die afrikanischen Buschmänner leben in einer stillen Umwelt. Und noch mit 60 Jahren weist ihr Gehör keinerlei meßbare Schädigung auf. Im Vergleich dazu leiden nach Angaben einer Untersuchung des Geräusch-Labors der Universität Tennessee 60 Prozent der amerikanischen College-Studenten bereits unter einer Beeinträchtigung des Hörvermögens in den oberen Frequenzbereichen. Die Ursache dieser vorzeitigen »Taubheit« ist Lärm.

Schon seit langem werden Hörschäden mit Lärm in Verbindung gebracht. Anhaltend starker Lärm, etwa von Düsenjets, Lastwagen, Motorrädern, Stereo-Anlagen, elektrischen Küchengeräten und so weiter, kann sogar die Haarzellen in der Schnecke des Ohres zerstören. Diese Zellen sind lebenswichtige Bestandteile des Gehörapparats, und je mehr von ihnen mit der Zeit zerstört werden, desto größer ist der Gehörverlust. Die Fähigkeit, hohe Töne hören zu können, die bei Amerikanern vom Kindesalter an an Feinheit abnimmt, ist zuerst betroffen. Selbst Föten sind schon gefährdet. Einer japanischen Studie zufolge entwickelt sich ein Fötus, der einer geräuschvollen Umwelt ausgesetzt wird, langsamer im Mutterleib und hat bei der Geburt Untergewicht. Nach Angaben der Umweltschutzbehörde (EPA) setzt sich einer von zwei Amerikanern regelmäßig einem schädigenden Geräuschpegel aus. Die EPA definiert den Punkt, ab dem es gefährlich wird, anhand der folgenden Richtlinie: »Muß man die Stimme heben, wenn man sich Gehör verschaffen will, dann sind die Hintergrundgeräusche zu laut. Man sollte sie daher meiden.«

Die in Dezibel gemessene Lautstärke kann, wie unten illustriert, gefährliche Höhen erreichen.

Lautstärken, die zu einem sofortigen und irreversibeln Gehörschaden führen, sind:

Aktivität / Entfernung	Dezibel-Pegel
Weltraumrakete beim Start / 30 Meter	190

Lautstärken, die zu dauerhaften Schädigungen führen, wenn man ihnen anhaltend ausgesetzt ist, sind:

Aktivität/Entfernung	Dezibel-Pegel
Düsenjet beim Start/30 Meter	130–140
Schlagzeug/1 Meter	120–130
Lautes Rockkonzert/1. Reihe	110–120
Autohupe/7 Meter	110

Lautstärken, die zu Schädigungen führen, wenn man ihnen täglich 8 Stunden oder länger ausgesetzt ist:

Aktivität/Entfernung	Dezibel-Pegel
Elektromixer/60 Zentimeter	100
Kettensäge/Preßlufthammer/60 Zentimeter	100
Schwerer Lastwagen/3 Meter	90
Drehbank/30–60 Zentimeter	90
In einem fahrenden Auto sitzen	80
In einem lauten Büro sitzen	80

Lautstärken, die nicht schädigend wirken, wenn man ihnen täglich ausgesetzt ist, sind:

Aktivität/Entfernung	Dezibel-Pegel
Normales Gespräch	50–60
Leise Bibliothek	30
Geflüster/1,50 Meter	20

Die Zukunft des Ohrenwackelns

Daß wir mit den Ohren wackeln können, ist ein Überrest der Evolution – eine Rückkehr in die Zeit, als unsere Vorfahren noch die Ohren »spitzen«, das heißt drehen konnten, um besser zu hören. Die für das Ohrenspitzen zuständige Muskulatur hat sich in Millionen von Jahren infolge genetisch bedingter Umprogrammierungen langsam zurückentwickelt. Den meisten von uns ist die Fähigkeit, die Ohren auf solche Weise zu bewegen, überhaupt abhandengekommen. Wie im Falle

zahlreicher rudimentärer Elemente des Körpers wird aber wohl auch diese Muskulatur in einigen Familien noch durch Tausende zukünftiger Generationen erhalten bleiben.

Unsere Nase
und unser Geruchssinn

Was die Nase weiß

Die Nase steht in direkter Verbindung zum limbischen System des Gehirns, das eine lebenswichtige Rolle bei der Entstehung und Regulierung von Gefühlen spielt. Schnuppern wir an einer Rose, dann riechen wir nicht nur, sondern erinnner uns vielleicht sogar an einen romantischen Abend mit einer früheren Liebe. Geruchsmoleküle umgeben uns überall. Atmen Sie einmal tief ein: die Moleküle eilen sofort in die Nasenflügel hinauf, wo sie erwärmt und angefeuchtet und zur Bestimmung vorbereitet werden. Doch im Gegensatz zum landläufigen Verständnis findet der eigentliche Prozeß des Riechens nicht in den Nasenflügeln statt. Das Riechepithel, ein Paar mit Schleim überzogene Stellen von Riechhärchen (Zilien), das hinter dem Nasenrücken direkt unterhalb des Gehirns liegt, streckt seine Fühler aus und fängt die ankommenden Moleküle ein. Diese werden dann wie die Stücke eines Puzzles von den entsprechenden Rezeptoren an den Enden der winzigen Geruchsnerven festgehalten, die in der Membran der Riechschleimhaut siedeln. Die Nerven signalisieren das Ganze den Riechkolben, die wiederum als chemisch-elektrische Impulse zum Geruchszentrum und zu den anderen interpretierenden Gehirnzentren weitergeleitet werden. Je nachdem, was für eine Art Duftsignal das Gehirn empfängt, kann es mit Freude, Widerwillen, Angst oder sogar mit nostalgischen Gefühlen reagieren. Einige Düfte regen den Hypothalamus und die Hirnanhangdrüse zur Ausschüttung der Hormone an, die die Sexualität, den Hunger und die Körpertemperatur steuern.

Weitere naseweise Nachrichten

Das Verteidigungssystem in der Nase

Der unablässige Schleimfluß der Nase bildet die vorderste Verteidigungslinie gegen die Milliarden in der Luft herumschwirrenden Bakterien, die ständig versuchen, in den Körper einzudringen. Wirksame chemische Stoffe in der Schleimhaut lösen viele dieser Krankheitserreger auf. Die Erreger, die überleben, werden zur Rückseite der Kehle zurückgedrängt und schließlich geschluckt. In der Regel macht ihnen die Magensäure dann endgültig den Garaus.

Größere oder lästigere Partikel, etwa Pollen, sehen sich einem weiteren Verteidigungssystem gegenüber. Diese offensiveren Eindringlinge reizen die Hirnnerven, die reagieren und ein Niesen auslösen, bei dem die Partikel mit über 150 km/h ausgestoßen werden.

Mitunter kommt es in den Hirnnerven zu einem »Kurzschluß«, dann entstehen Nies-Anfälle. Den Weltrekord im Dauerniesen hält Donna Griffiths aus Pershore, England: Sie nieste vom 13. Januar 1981 bis zum 16. September 1983 – das sind insgesamt 977 Tage.

Der dienstfreie Nasenflügel

Die Nasenflügel schalten sich alle 3 bis 4 Stunden an und wieder aus, so daß das eine Nasenloch immer riecht und atmet, während das andere sich schließt und ausruhen kann.

Der Kompaß in der Nase

Alle Menschen haben Spurenelemente von Eisen in der Nase. Dieser rudimentäre Kompaß befindet sich in dem zwischen den Augen liegenden Siebbein und kann zur Orientierung im Magnetfeld der Erde beitragen.

Wie Studien zeigen, können sich noch einige Menschen sich mit Hilfe dieser magnetischen Ablagerungen im Raum orientieren, und zwar mit verbundenen Augen und ohne

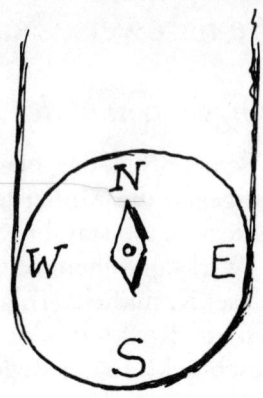

Hinweise von außen, etwa dem Sonnenlicht, und sich bis auf einige Grad dem Nordpol nähern – so, als hätten sie einen Kompaß in der Hand.

Ein Forscher der Universität Manchester hat folgendes herausgefunden: Legt man einen Magneten auf die rechte Seite des Kopfes, weicht die Peilgenauigkeit der Testpersonen um 90 Grad nach rechts ab. Legte man den Magneten auf die linke Kopfseite, wich die Peilgenauigkeit der Testpersonen um 90 Grad nach links ab. Somit ist schlüssig bewiesen, daß Magnetfelder den menschlichen Organismus beeinflussen.

Zwar weiß niemand, wie das Gehirn diesen »sechsten« Sinn verarbeitet; doch bei über einem Dutzend Tieren – darunter Delphine, Thunfische, Lachse, Salamander, Tauben und Bienen – finden sich ähnliche magnetische Ablagerungen im Gehirn, die ihnen zur Navigation dienen und auf ihren Wanderungen nützen.

Die beeindruckendsten Schnüffler der Natur

Die Epithelmembran, das »Geruchsorgan«, von Spürhunden hat eine fünfzigmal größere Fläche und reagiert tausendmal empfindlicher als beim Menschen. Die Schweiß-Fährte, die durch einen Schuh dringt und im Fußabdruck zurückbleibt, ist einemillionenmal geruchsstärker, als für einen Spürhund notwendig ist, der eine Spur aufnehmen soll. Die Nase dieser Hunde ist jedoch derjenigen der Seidenspinnerraupe weit unterlegen. Das Männchen kann noch 1 Zehntausendstel Milligramm des Sexuallockstoffes des Weibchens bis zu einer Entfernung von über 10 Kilometern erkennen und ihm folgen.

Duft und Gefühl

Ich weiß noch genau, wie das gerochen hat

Die Vorstellung, daß Duft-Erinnerungen nachhaltiger als visuelle Eindrücke haften bleiben, ist keine neue Erkenntnis, im Gegenteil. Wie Tests zeigen, lassen visuelle Erinnerungen nach 3 Monaten um 50 Prozent an Intensität nach. Erinnerungen, die mit Gerüchen in Verbindung stehen, haben hingegen auch noch nach einem Jahr nur um 20 Prozent an Intensität nachgelassen.

Frauen haben die bessere Nase

Infolge einer höheren Konzentration des weiblichen Hormons Östrogen besitzen Frauen einen besseren Geruchssinn als Männer. Vom Östrogen weiß man, daß es die Geruchsrezeptoren aktiviert. Interessanterweise können Frauen moschusartige Düfte, die mit dem männlichen Körper in Zusammenhang stehen, am besten von allen erkennen. Erreicht die Östrogen-Konzentration während des Eisprungs ihren Höchststand, ist der Geruchssinn der Frau am stärksten. Dann kann sie den Moschus-Geruch einhundert- bis eintausendmal deutlicher erkennen als während der Menstruation.

Sexualität und Geruch – eine geheimnisvolle Verbindung

Zwischen Sexualität und Geruch besteht ein enger Zusammenhang. Rund 25 Prozent der Menschen, die unter Geruchsstörungen leiden – entweder infolge von Kopfverletzungen, Virusinfektionen, Allergien oder hohem Alter – verlieren die Lust am Sex. Immer mehr Forschungsergebnisse deuten darauf hin, daß die Pheromone – sie produzieren einen feinen Körpergeruch, der bei den Tieren die Sexualpartner anlockt und erregt – auch in den apokrinen Drüsen des Menschen produziert werden. Bei Männern, die man weiblichen Pheromonen aussetzt, beschleunigt sich der Bartwuchs. Frauen, die man männlichen Pheromonen aussetzt, werden fruchtbarer, haben regelmäßigere Monatsblutung und weniger stark ausgeprägte Wechseljahressymptome.

Auch die Pheromone anderer Frauen beeinflussen die Frauen. Leben Frauen für längere Zeit unter einem Dach, so gleichen sich ihre Menstruationszyklen an.

Düfte, die beruhigen

Wie Wissenschaftler der Yale-Universität herausgefunden haben, wirken einige Düfte auf den Menschen beruhigend und können sogar ein Absinken des Blutdrucks bewirken. Man hat dort sogar einen apfelwürzigen Duft patentieren lassen, da er die ungewöhnliche Fähigkeit besitzt, bei manchen Menschen Angstzustände zu blockieren.

Die gleiche entspannende Wirkung geht nach Angaben einer Studie der englischen Universität von Warwick vom Geruch von Stränden aus. Wie die Forscher herausfanden, nahm der Grad der Angstzustände um bis zu 17 Prozent ab, nachdem die Testpersonen ein »Strand-Parfüm« mit der Essenz von Seegras gerochen hatten.

Der Geruch – ein Lebensretter

Die Nase des Menschen reagiert äußerst empfindlich auf den Geruch von ranzigem Fleisch. Wir sind in der Lage, in einem Liter Luft noch das 1 400trillionste Gramm dieser verrottenden Essenz – der Fachausdruck lautet Methymercaptan – zu riechen. Das Erkennen von verrottetem Fleisch war für das Überleben unserer Vorfahren in der Wildnis vermutlich von entscheidender Bedeutung. Auch heute noch rettet es uns das

Leben. Methylmercaptan ist nämlich die chemische Substanz, die wir riechen, wenn Gas austritt. Die Energieversorgungsunternehmen fügen den Stoff dem Gas bei, damit man es schneller aufspüren kann.

Erkennung von Krankheiten durch den Geruch

Viele Krankheiten verströmen einen ganz charakteristischen Geruch. Einige Ärzte können diese Krankheiten erkennen, indem sie an dem Patienten riechen. In der Notaufnahme müssen die Ärzte beispielsweise die Ursache einer Bewußtlosigkeit diagnostizieren, indem sie den Atem des Patienten riechen: Ein süßlicher Geruch – wie Azeton – kann auf Diabetes hinweisen. Ein ammoniakähnlicher Geruch weist auf eine Störung der Nierenfunktion hin. Der Geruch von Exkrementen deutet oft auf einen Darmverschluß hin.

Einige Erbkrankheiten hat man sogar nach ihrem Geruch benannt. Die Osthaus-Krankheit, eine genetisch bedingte Störung, verströmt einen ganz charakteristischen Geruch. Ein Wissenschaftler der medizinischen Fakultät der Universität Washington beschreibt das Osthaus als einen Ort, wo Malz gebrannt wird, ehe das Bier hergestellt wird. Menschen, die diese Krankheit haben, umgibt ein deutlich erkennbarer Malz-Geruch. Zudem führt er weitere Beispiele an, etwa die Ahornsirup-Urinkrankheit. Bei ihr bewirkt die Ansammlung bestimmter Säuren, daß der Urin einen karamelähnlichen Geruch annimmt. Eine seltene Erkrankung namens »Schweißfußkrankheit« hängt mit einer Störung des Fettstoffwechsels zusammen. Hat ein Kind diese Krankheit, »riecht« es wie ein Umkleideraum.

Infektionen durch *Pseudomonas*-Bakterien riechen erkennbar wie ein feucht-modriger Weinkeller, während eine Arsenvergiftung nach Knoblauch riecht.

Weitere Krankheiten mit dem dazugehörigen charakteristischen Geruch finden sich in der untenstehenden Liste:

Krankheit	Geruch
Einige Krebsarten	übelriechend
Diphterie	ekelerregend süßlich
Ekzem und Hautausschlag	muffig
Masern	frisch gerupfte Federn
Pest	Apfel
Skorbut	faulig
Pocken	faulig
Typhus	frisches Brot
Gelbfieber	»Schlachterladen«-Geruch

Addison-Krankheit

Die Addison-Krankheit – eine Funktionsstörung der Nebennierendrüsen – kann einen Menschen abnorm empfindlich auf Gerüche reagieren lassen. An der Addison-Krankheit Erkrankte (zu ihnen zählte auch John F. Kennedy) sind manchmal in der Lage, Gerüche tausendmal feiner wahrzunehmen als der Durchschnitt der Bevölkerung.

Phantomgerüche

Manche Schizophrene leiden nicht nur unter Halluzinationen des Gehörs, sondern auch unter Phantasmie, also Geruchshalluzinationen. Diese Phantomgerüche sind manchmal so intensiv, daß sie zu Erbrechen und Ohnmachtsanfällen führen können. Oft sind die Phantomgerüche so unangenehm und durchdringend, daß sich der Patient die Nase mit einem Taschentuch zustopft, um nichts mehr zu riechen.

Unsere Augen und unsere Sehkraft

Die Augen haben's ...

Selbst nach jahrzehntelangen Forschungen erscheint uns das Sehvermögen des Menschen immer noch als ein Wunderwerk der Natur. Um diese Buchseite zum Gehirn zu übermitteln, müssen die Lichtwellen durch die Hornhaut an der Augenvorderseite zu der mit Flüssigkeit gefüllten vorderen Augenkammer geleitet werden und weiter durch die Pupille, die sich je nach Helligkeit erweitert oder zusammenzieht. Anschließend pflanzen sich die Lichtwellen weiter bis zu den beiden Augenlinsen fort, die sich krümmen oder verdikken, damit das Bild scharf bleibt; sie gelangen dann durch die zweite und viel größere Augenkammer, die mit einer gelee-ähnlichen, eiweißhaltigen Glaskörperflüssigkeit gefüllt ist, bis sie schließlich auf die Netzhaut an der Rückseite des Augapfels treffen.

Die Netzhaut besteht aus Stäbchen und Zapfen – dies sind die beiden Arten von lichtempfindlichen Nervenzellen. Es gibt 125 Millionen Stäbchen. Sie konzentrieren sich an den Seiten der Netzhaut und sind für das Schwarzweißsehen bei Nacht zuständig. Die 7 Millionen Zapfen konzentrieren sich in der Mitte der Netzhaut und regulieren das Farbensehen.

Wie uns das Auge hinters Licht führt

Mittels des kaum erforschten Vorgangs der Bildverstärkung fügt das Gehirn die feinen Details hinzu oder stellt sie her, wenn sie dem Auge entgangen sind. Das schließlich verarbeitete Bild ist in Wirklichkeit ein raffiniertes Gemisch dessen, was das Gehirn zu sehen meint und was es wirklich sieht. Ein gutes Beispiel dafür, wie das Gehirn Bilder »fabriziert«, ist das vorgeblich »beendete« Manuskript eines Autors. Nach sorgfältiger Prüfung beharrt der Autor darauf, sein Buch enthalte keine Tippfehler mehr. Der Korrektor findet aber Dutzende. Der Autor hat ihn wegen der Rechtschreibfehler aber nicht angelogen. Er ist bloß zu vertraut mit dem Text, als daß er einen Blick hinter die unbewußten Korrekturen seines Gehirns werfen kann. Ein solches Beispiel kann auch veranschaulichen, daß es oft ohne Belang ist, was das Auge sieht, von Belang ist, was das Gehirn unseren Sinneswahrnehmungen hinzufügt.

Hier nun ein Beispiel, wie das Gehirn an seine Wahrnehmungsinformationen gelangt, indem es seine Erinnerungen an logische Winkel und Linien aktiviert und dabei durcheinanderbringt, was das Auge wirklich sieht. Die beiden waagerechten Linien sind gleich lang.

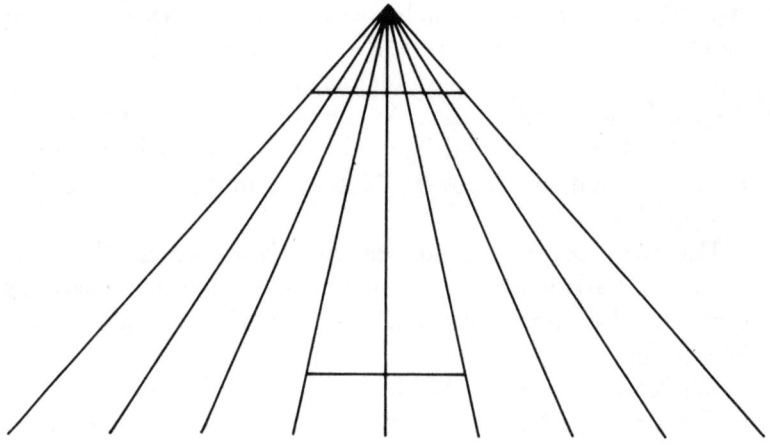

Die Pupille

Die Größe der Pupille in der Mitte des Auges wird von den Schließ- und Streckmuskeln der Iris gesteuert – dem farbigen Abschnitt, der die Pupille umgibt. Bei gedämpftem Licht öffnen diese Muskeln die Pupillenöffnung und sorgen dadurch für das Auftreffen der größtmöglichen Lichtmenge auf die Netzhaut. Bei grellem Licht zieht sich die Öffnung zusammen, damit die Netzhaut nicht »geblendet« wird.

Ich habe nur Augen für dich

Ganz ähnlich reagieren die Pupillen auf Gefühle. Bei Angst, Furcht und Erregungszuständen vergrößert sich die Pupille. Diese Reaktion wird, so glaubt man, vom Bedürfnis des Auges diktiert, in einer potentiellen Gefahrensituation mehr von den Geschehnissen zu sehen. Unangenehme, mit Furcht assoziierte Szenen bewirken demgegenüber das Zusammenziehen der Pupillen. Nach allgemeiner Auffassung bringt die Pupillenreaktion den Grad von Interesse oder Faszination im Auge des Betrachters zum Ausdruck. Bei den meisten Männern vergrößern sich die Pupillen um bis zu 30 Prozent, wenn sie Bilder von Haien oder nackten Frauen betrachten, doch sie ziehen sich erheblich zusammen, wenn sie auf nackte Männer oder Kleinkinder reagieren. Die Pupillen der Frau ziehen sich im Gegensatz dazu zusammen, wenn man ihr Bilder von Haien und nackten Frauen zeigt, werden aber groß beim Betrachten nackter Männer oder Kleinkinder.

Die Augen des Embryos

Noch bevor der menschliche Embryo das Alter von 1 Monat erreicht, beginnen die Augen sich auszubilden. Sie haben dann eine Länge von rund 2,5 Zentimetern. Ist der Embryo 2 Monate alt, kann man die Augen auf beiden Seiten des Kopfes sehen. Danach wandern sie, während der Embryo heranwächst, langsam zur Vorderseite des Gesichts.

Schielende Säuglinge

Zum nicht geringen Erstaunen ihrer Eltern können viele Säuglinge die Augen unabhängig voneinander bewegen. Doch diese Begabung ist von kurzer Dauer. In den meisten Fällen bewegen sich die Augen von Anfang an im gleichen Rhythmus.

Krafttraining

Von allen Muskeln trainieren die Augenmuskeln am meisten; in einem Zeitraum von 24 Stunden bewegen sie sich eintausendmal. Wollte man den Beinen das gleiche Maß an Bewegung verschaffen, müßte man täglich 75 Kilometer wandern.

Ein blaues und ein braunes Auge

Die Helerochromia iridis, das Phänomen, bei dem der Betreffende ein blaues und ein braunes Auge hat, kommt bei 2 von je 1000 Menschen vor.

Augenfarbe und Schnelligkeit

Wie Studien zeigen, reagieren Menschen mit dunklen Augen schneller als helläugige Menschen. Das gleiche trifft auch auf dunkel- und helläugige Tiere zu.

Menschen mit braunen Augen schneiden insgesamt in den Sportarten besser ab, die ein sekundengenaues Timing erfordern. Menschen mit blauen Augen sind offenbar besser im Golf und im Werfen beim Baseball, da man hierbei das eigene Tempo selbst bestimmen kann. Es ist schlüssig nachgewiesen worden, daß Baseballspieler mit braunen Augen die besseren Schlagmänner sind, während sich die Blauäugigen als Werfer hervortun.

Die Dominanz eines Auges und sportliche Begabung

Wie ein Mensch bei Rechts- beziehungsweise Linkshändigkeit seine eine Hand vorzieht, so ziehen die meisten Menschen auch ein Auge dem anderen vor. Oft bestimmt das am meisten benutzte Auge, wer beim Baseball auf der Position des Schlagmanns spielt. Wie eine Studie über Baseballspieler der Universität Florida ergab, schlagen »gegendominante« Schlagmänner, also die, die entweder das rechte Auge und die linke Hand oder die rechte Hand und das linke Auge besonders wirkungsvoll einsetzen, wesentlich besser als diejenigen, die Auge und Hand der gleichen Seite benutzten. Bei den untersuchten Werfern hatte das gegendominante Merkmal katastrophale Folgen: die Spieler gaben sehr viel mehr Läufe auf als ihre nicht-gegendominanten Mitspieler.

Die besten Schlagmänner waren die, die beide Augen zu gleichen Teilen einsetzten. Solch »zyklopisches« oder ausgeglichenes Sehvermögen ist genetisch bedingt und kommt nur bei 17 Prozent der Bevölkerung vor.

Augen, die im Dunkeln leuchten

Das Leuchten, das im Dunkeln in den Augen vieler Tiere aufscheint, verursacht das Licht, das vom Tapetum – einer der Netzhautschichten – zurückgeworfen wird. Das Auge des Menschen hat kein Tapetum und absorbiert daher sämtliches einfallende Licht.

Ringelblume im Auge

1979 stellte man fest, daß einem 8 Jahre alten Kapstädter Jungen ein Samenkorn aus dem linken Auge wuchs. Botaniker, die den Sämling untersuchten, entdeckten, daß es sich bei dem Ableger um eine recht weit entwickelte Ringelblume handelte. Der Schößling wurde operativ entfernt, und das Auge heilte.

Offenbar besitzt das Auge alle nötigen Voraussetzungen für das Keimen eines Samens: Feuchtigkeit, Wärme, frische Luft und Schutz vor zu starkem Sonnenlicht.

Tränen

Jedesmal wenn wir blinzeln, werden die Augen in eine die Bakterien bekämpfende Flüssigkeit getaucht, welche die Tränen in der Schleimhaut der Augenlider abgesondert hat. Zusätzliche Flüssigkeitsmengen werden frei, damit bei Reizungen des Auges verunreinigende Stoffe weggeschwemmt werden können.

Von Reizstoffen hervorgerufene Tränen haben eine andere chemische Zusammensetzung als durch Traurigkeit verursachte Tränen.

Gefühls-Tränen enthalten 24 Prozent mehr Hormone auf Eiweißbasis, die der Körper als Reaktion auf seelische Belastungen ausschüttet – unter anderem Prolactin, adrenokortikotropische Hormone sowie Leuzin-aenkephalin, ein körpereigenes Schmerzmittel.

Tränen-Forscher glauben, daß das Vorkommen von Prolactin – einem Hormon, das die Milchproduktion in den Brüsten anreizt – in den Tränen erklären könnte, warum Frauen öfter weinen als Männer. Frauen, die die Menopause hinter sich haben, weinen weniger, weil der Prolactin-Spiegel bei ihnen niedriger ist.

Krokodilstränen

Menschen mit dem »Krokodilstränen-Syndrom« vergießen Tränen bei der Speichelbildung. Normalerweise die Folge einer Verletzung, wird das Leiden von überkreuz laufenden Nerven hervorgerufen, die zu den Speichel- und Tränendrüsen hin- und wieder wegführen. Die Betroffenen weinen buchstäblich aus Vorfreude auf das Essen.

Die Farbe nach dem Tod

Die Augen ändern nach dem Tod ihre Farbe, am häufigsten hin zu einem grünlich-braunen Farbton.

Visionäre Angelegenheiten

Möhren und das Sehvermögen bei Nacht

Wurzeln tragen tatsächlich zum besseren Sehen bei. Das in Möhren vorkommende Vitamin A ist erforderlich für das richtige Funktionieren der Stäbchenzellen im Auge, die das angemessene Nachtsehen fördern. Ein gesundes Stäbchen kann schon von einem einzigen Lichtpartikel oder Photon stimuliert werden. In einer dunklen, klaren Nacht ist das menschliche Auge in der Lage, den Lichtschein einer Kerze noch aus 38 Kilometern Entfernung zu erkennen.

Augenfällige Flecken

Blickt man in die grelle Sonne, kann es passieren, daß wir nicht nur die Umrisse der Blutgefäße in unseren Augen »sehen«, sondern auch die dahinströmenden Blutzellen und die Fugen in der eigentlichen Linsenmembran. Viele Endzwanziger klagen darüber, sie sähen verschwommene schwarze, durch das Sichtfeld ziehende Flecken. Dies läßt sich möglicherweise ›auf das Erblicken der eigenen Augen‹ zurückführen.

Alte Linsen

Die Linsen der Augen wachsen das ganze Erwachsenenalter hindurch weiter. Ältere Leute haben die größten Linsen. Diese sind weniger biegsam und stellen sich nicht mehr so leicht auf Objekte in der näheren Umgebung ein.

Der blinde Fleck in unserem Auge

Die Augen aller Menschen haben einen blinden Fleck. Dort, wo der Sehnerv durch die Netzhaut führt, gibt es keine Photorezeptoren. So ist das Auge buchstäblich blind gegenüber allen Bildern, die an dieser Stelle auf die Netzhaut fallen.

Halten Sie dies Buch auf Armlänge von sich weg, schließen Sie das linke Auge und konzentrieren Sie sich auf den dunklen Kreis im unten aufgezeichneten Kasten. Halten Sie das linke Auge geschlossen, und führen Sie das Buch langsam näher ans Gesicht. In einer Entfernung zwischen 25 und 35 Zentimetern von Ihrer Nase müßte das X im Kasten verschwinden. Dort liegt Ihr blinder Fleck.

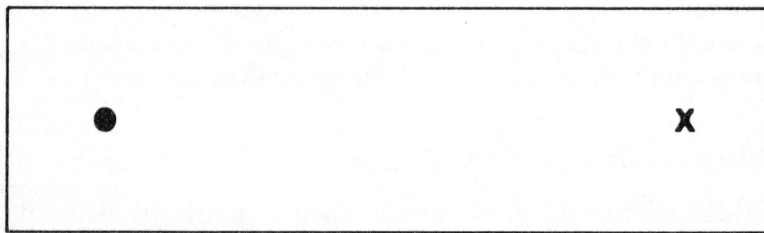

Farbenblindheit

8 Prozent der kaukasischen Männer sind farbenblind, verglichen mit 5 Prozent der Asiaten, 1 Prozent der Eskimos und einem halben Prozent der weiblichen Bevölkerung insgesamt. Die Ursache der Farbenblindheit liegt entweder in einem Defekt oder einem völligen Fehlen des Gens, das für die Entschlüsselung eines der drei Pigmente in den Zapfen der Netzhaut verantwortlich ist. Die verbreitetste Form der Farbenblindheit ist die Unfähigkeit, Rot von Grün zu unterscheiden, die seltenste die »echte Farbenblindheit«. Die meisten Tiere sind, zumindest teilweise, farbenblind. Die Giraffe kann beispielsweise einige Farben richtig wahrnehmen, verwechselt aber Grün, Orange und Gelb.

Lärm, enge Kragen und das Sehvermögen

Lärm sowie Druckempfindungen am Hals können unseren Blutdruck beeinflussen; zu enge Hemdkragen oder Krawatten bewirken ein vorübergehendes Nachlassen der Sehschärfe.

Dritter Teil
Unser Körper

Unsere Haut

Was wir wert sind

Vor nicht allzu langer Zeit wurde der Wert des menschlichen Körpers einmal auf der Grundlage der chemischen Zusammensetzung auf 1,98 Dollar geschätzt. Aber die Zeiten haben sich geändert. Aufgrund der gestiegenen Nachfrage nach Organ- und Gewebetransplantaten ist unser Körper – nach einer Meldung der *New York Times* – heute in der Regel 200 000 Dollar wert. Denken Sie daran, wenn Ihre Bank Sie danach fragt, was Sie wert seien.

Bestandteil	Gesamtkörpergewicht (in %)
Wasser	61,8
Eiweiß	16,6
Fett	14,9
Stickstoff	3,3
Kalzium	1,81
Phosphor	1,19
Kalium	0,24
Natrium	0,17
Magnesium	0,041
Eisen	0,0075
Zink	0,0028
Kupfer	0,00014
Andere	0,2

Das Bedürfnis nach Berührung

Wenn man die Lippen eines 2,5 Zentimeter großen menschlichen Embryos leicht reizt, so wirft er den Kopf zurück – ein Beweis, daß unser Tastsinn bereits mit 8 Wochen vorhanden ist. Das liegt lange vor der Zeit, da der Embryo sehen oder hören kann, und bezeugt, wie bedeutsam diese uralte Sinneswahrnehmung ist.

Menschen können überleben, ohne sehen, hören oder riechen zu können, nicht aber ohne Tastsinn und Fühlungsvermögen. An Alagia cutaneum erkrankte Menschen haben defekte Schmerzrezeptoren und ziehen sich oft lebensbedrohliche Verbrennungen sowie andere Verletzungen zu, weil sie keinen Schmerz spüren.

Wie Studien zeigen, kennen zahlreiche Tierarten ebenfalls das biologische Bedürfnis, angenehm berührt zu werden. Das Neugeborene, dessen Haut durch den Kontakt zur Mutter stimuliert wird, wächst mit einer größeren Widerstandskraft gegen Krankheiten auf und hat größere Aussichten, bis ins Erwachsenenleben durchzukommen, als ein Tier, das nicht auf diese Weise stimuliert wurde. (Ja, Lämmer sterben manchmal bei der Geburt, wenn ihre Mutter es versäumt, sie abzulecken und zu beschnuppern. Züchtern von Chihuahua-Welpen zufolge existiert unter diesen Hunden eine berüchtigt hohe Sterblichkeitsrate, weil ihre Mütter oft nicht bereit sind, sie abzulecken.) Tiere, die stimuliert wurden, nehmen schneller zu und sind das ganze Leben hindurch aktiver und weniger ängstlich.

Ein ähnliches Phänomen hat man bei Menschen beobachtet. Wie zahlreiche Untersuchungen zeigen, leiden Säuglinge, denen das Schmusen, Im-Arm-Halten und Streicheln vorenthalten wurde, unweigerlich an depressiven Verstimmungen, Gewichtsverlust, Schlafstörungen sowie einem insgesamt reduzierten Immunsystem. Im Extremfall sterben sie sogar.

Umgekehrt gibt es Annahmen von Experten, wonach ein Säugling, den man immer wieder streichelt, oft auch ein gesundes Kind ist. Zärtliche Berührungen übermitteln dem Neugeborenen das lebenswichtige Gefühl der Sicherheit, sie bauen Streß ab und stärken unser Abwehrsystem. Da die stimulierenden Berührungen die Durchblutung fördern, sind sie auch für den Blutkreislauf von Nutzen.

Blinde Berührungen

Viele Blinde haben eine empfindlichere Haut als Menschen, die sehen können.

Schallwellen und Berührungen

Schallwellen beeinflussen unseren Tastsinn: Töne im niedrigen Frequenzbereich machen die Haut unempfindlicher, Töne im hohen Frequenzbereich empfindlicher.

Ein Wunderwerk der Technik

Die Haut ist ein Wunderwerk der evolutionären Ingenieurskunst: Sie macht den Körper wasserdicht, hält schädliche Bakterien fern und zerstört sie, regelt die Körpertemperatur und steht in ständigem Kontakt mit dem Gehirn. Die Haut fungiert als der »Fühler« des Körpers und signalisiert dem Gehirn, was heiß und was kalt ist, was angenehm und was unangenehm ist. Sie kann noch einen Gegenstand von der winzigen Größe eines Hundertstel Millimeters spüren, uns durch eine Gänsehaut kitzeln, durch ein Jucken reizen oder uns durch Schmerzen aufschrecken.

Die Haut ist das größte Körperorgan des Menschen; es wiegt beim Erwachsenen durchschnittlich etwa 5 Pfund und bedeckt beim erwachsenen Mann eine Fläche von 7 Quadratmetern.

Auf der Fläche von nur 1 Quadratzentimeter menschlicher Haut befinden sich 7,5 Millionen Zellen, 245 Schweißdrüsen, 35 Talgdrüsen, 25 Haare, 2,5 Meter Blutgefäße, 7500 Sinneszellen und 8 Millionen mikroskopischer Lebewesen.

Tierchen, die auf unserer Haut leben

Die Haut jedes Menschen ist mit Milben versetzt. Und das gilt auch für die Gesichtshaut. Da man sie nicht abwaschen kann, wird angenommen, daß sie zur Reinigung der Follikel und dem Entschlacken der Drüsen dienen. Milben sind zwar

durchsichtig, aber wenn man einmal mit einer Karteikarte
über die Augenbrauen schabt und die Karte in einen Teller
mit ein wenig Wasser legt, sind sie mit einem starken Vergrö-
ßerungsglas zu erkennen.

Das Ärzteteam in unserer Haut

Die Haut ist ihr eigener Arzt. Wenn man sich schneidet, ver-
bündet sich das Team in unserer Haut mit dem Blut und
behebt den Schaden. Während das Blut einen Pfropf bildet,
um die Wunde zu verschließen, sondern spezielle Drüsen in
der Haut ein Antiseptikum ab, das die Krankheitserreger ab-
tötet.

Die Blutgefäße der Haut ziehen sich sofort zusammen und
kommen dem drohenden Schnitt zuvor. Streicht man mit
einem Lineal über den Unterarm, läßt sich diese Reaktion gut
beobachten. Die helle Linie, die dabei erscheint, wird durch
den plötzlichen Verlust an Blutvolumen verursacht, wodurch
die Blutung begrenzt werden soll. Nach einem Augenblick,
wenn die Haut-Hirn-Verbindung spürt, die Gefahr ist vor-
bei, füllen sich die Blutgefäße sogleich wieder mit Blut, und
die Linie nimmt eine rötliche Tönung an.

Blaue Flecken

Ein blauer Fleck entsteht dann, wenn die direkt unter der Hautoberfläche liegenden Kapillargefäße platzen. Die »vergossenen« Blutzellen sterben rasch ab, wechseln die Farbe und werden schließlich vom Körper abgebaut.

Der Thermostat in der Haut

Hat sich das Körperinnere zu sehr erwärmt, so weiten sich die Blutgefäße der Haut. Sie nehmen mehr Blut auf und tragen dazu bei, die Wärme nach außen zu leiten. Die Folge ist, daß die Haut sich rötet. Muß der Körper hingegen Wärme speichern, nimmt die Haut weniger Blut auf und wird weiß.

Literweise Schweiß

Das Schwitzen soll eine Abkühlung des Körpers mit Hilfe der Verdunstungskälte bewirken. Im ganzen Körper sind rund 3 Millionen Schweißdrüsen verteilt. An einem Sommertag

pumpen diese Zellen im Durchschnitt etwa 2 Liter einer aus Ammoniak und Salzen bestehenden Flüssigkeit aus dem Körper. In heißen Wüstengegenden können diese Drüsen bis zu 10 Liter Schweiß täglich produzieren.

An schwülheißen Tagen kann es passieren, daß der Schweiß überhaupt nicht verdunstet; statt dessen tropft er nur vom Körper ab – was aber wenig oder überhaupt nicht kühlt. Folglich kann ein Mensch in sehr feuchter oder schwüler Luft längst nicht so lange überleben wie in trockener Luft. Ist die Luft in der Umgebung vollständig trocken, kann man bei einer Temperatur von 125° Celsius bis zu 20 Minuten überleben. In feuchter Luft liegt die maximale Temperatur, bei der wir überleben, bei knapp unter 50° Celsius.

Gänsehaut

Die Gänsehaut, die wir bekommen, wenn wir frieren, ist nichts weiter als die Anstrengung unseres Körpers, den Pelz aufzurichten, den unsere Vorfahren vor 100 000 Jahren ablegten. Aufgestellte Körperhaare sorgen für zusätzlichen Schutz gegen die Kälte.

Hautfarbe und Braunwerden

Setzen wir uns längere Zeit der Sonne aus, dann sondert die Haut Melanin ab, ein braunes Pigment; es trägt zur Abwehr der schädlichen ultravioletten Strahlen und zur stärkeren Bräunung der Haut bei.

Schwangerschaftshormone ähneln den Hormonen, die der Haut signalisieren, daß sie Melanin produzieren soll. Dies ist auch der Grund dafür, daß Schwangere leichter braun werden als andere Menschen.

Gerade bis unter die Haut

Säckchen, Falten und Runzeln

Die Kollagene – das Netz aus Eiweißfasern der Haut – zerfallen und werden im Laufe unseres Lebens weniger geschmeidig, wodurch es im Gesicht, am Hals und an den Händen zur Herausbildung von Säckchen, Falten und Runzeln kommt. Jeder Gefühlsausdruck, der tiefgehend und wiederholt auf die Haut einwirkt, fördert die Faltenbildung (zur Entstehung einer dauerhaften Stirnfalte muß man die Stirn zweihunderttausendmal runzeln), und die Sonnenstrahlen und das Rauchen beschleunigen diesen Vorgang noch.

Akne

Akne entsteht durch die übermäßige Aktivität der Haarbalgdrüsen, die von hormonellen Veränderungen im Organismus angeregt werden. Die Drüsen sondern zuviel Talg ab, verstopfen die Poren der Haut und rufen so Entzündungen hervor.

Mitesser bestehen aus großen Mengen abgestorbener, durch das Pigment Melanin eingefärbter Hautzellen.

Abgestorbene Haut – und wo sie bleibt

Der Körper stößt ständig abgestorbene Hautzellen ab und ersetzt sie durch neue. Tausende dieser Zellen gehen beispielsweise immer dann verloren, wenn wir uns die Hand geben oder einen Tennisschläger schwingen. Sind wir schließlich 70 Jahre alt, haben wir rund 35 Pfund abgestorbene Haut abgestoßen. Der Staub, der in einem durchschnittlich sauberen Haus umherwirbelt, besteht zu 75 Prozent aus abgestorbenen Hautzellen.

Schmerzen, Juckreiz und Kitzeln

Empfindungen, die die Haut aussendet, pflanzen sich unterschiedlich schnell fort. Bisweilen werden die Informationen mit einem Tempo von bis zu 75 Metern pro Sekunde ans Gehirn weitergeleitet.

Im gesamten Körper verteilte spezialisierte Sinnesrezeptoren sorgen für die Übermittlung von Schmerzen, wobei sich der »stechende« Schmerz mit 30 Metern pro Sekunde und der »brennende« Schmerz mit 2 Metern pro Sekunde fortpflanzt.

Freie Nervenenden signalisieren Juckreiz und Kitzel, jedoch nicht so schnell.

Die Meißnerschen Körperchen sind Tastsinnesorgane, die im wesentlichen für die angenehmen Empfindungen sorgen, die wir beim Streicheln oder einer sanften Liebkosung verspüren. Diese Sensorzellen sind im ganzen Körper verteilt, doch am geballtesten kommen sie in den Fingerspitzen, den Lippen, Brustwarzen, der Klitoris und dem Penis vor.

Nägel

Die Fingernägel haben sich über Jahrmillionen hinweg aus Klauen geformt; sie spielen mehrere wichtige Rollen – vom Schutz der Fingerspitzen vor schädlichen Schlägen bis zum Kratzen, wenn es uns juckt. Sie eignen sich auch ideal zum Knacken von Nahrungsmitteln mit harter Schale. Diese An-

passung half unseren Vorfahren beim Überleben in der Wildnis.

Nägel bestehen aus gehärteten abgestorbenen Hautzellen mit Namen Keratin. Lediglich die Wurzel, der Teil, den man nicht sieht, ist von Nerven durchzogen. Um einen ausgewachsenen Nagel von der Nagelhaut bis zur Spitze hinauszuschieben, benötigt die Wurzel 150 Tage, was einem Wachstum von ungefähr 0,2 cm pro Woche entspricht.

Möglicherweise weil sie stärker dem Sonnenlicht ausgesetzt sind, wachsen Fingernägel am schnellsten im Sommer und insgesamt schneller als die Zehennägel.

Bei Rechtshändern wächst am schnellsten der Fingernagel des Mittelfingers der rechten Hand; bei Linkshändern der der linken Hand.

Die längsten Nägel aller Zeiten gehören Schridar Tschillal aus Poona, Indien. Zum letztenmal schnitt er sich 1952 die Nägel der linken Hand, seitdem sind sie im Durchschnitt 80 Zentimeter gewachsen.

Unser Haar

Das Wachstum der Haare

Die Primaten, unsere Vorfahren, waren am ganzen Körper durch eine dichte Haarschicht geschützt. In der wärmeren Welt von heute ist von diesem prachtvollen Haarkleid nichts übrig geblieben als der kleine Bereich auf unserem Kopf und im Gesicht der meisten Männer.

Das Haar ist nicht von Nerven durchzogen, und es wächst auch nicht. Vielmehr besteht die Behaarung der Haut aus abgestorbenem Eiweiß, das die Haarbälge durch die Kopfhaut schieben. Diese Haarbalgdrüsen sind jedoch voller Nerven. Im Körper eines Menschen gibt es ungefähr 5 Millionen, nur rund 120000 davon befinden sich auf der Kopfhaut. Diese relativ geringe Zahl produziert am Tag annähernd 30 Meter

Eiweiß. Das ergibt im Jahr 11 Kilometer, oder 560 Kilometer während eines durchschnittlich langen Lebens. (Im Vergleich: Merinoschafe produzieren 7300 Kilometer Wollfasern in einem einzigen Jahr).

Haare halten Winterschlaf

Das Wachstum des Haars geschieht zyklisch. Auf der Kopfhaut wächst jedes Haar 3 bis 5 Jahre ohne Unterbrechung, dann tritt es in eine Ruhepause ein. Nach etwa 3 Monaten wird das Haar abgestoßen, doch nicht sofort ersetzt. Erst nach einer erneuten Ruhepause von 3 bis 4 Monaten wächst aus dem Haarbalg ein neues Haar. 90 Prozent der Kopfhaut befinden sich ständig in der Wachstumsphase.

Brauen und Wimpern

Augenbrauenhaare bleiben deshalb kurz, weil ihre Wachstumsphase lediglich 10 Wochen dauert.

Wimpern werden alle 3 Monate erneuert. Jedem Menschen wachsen im ganzen Leben rund 600 vollständige Wimpern.

Bärte

Von allen Körperhaaren wachsen die Barthaare am schnellsten, und bei blonden Bärten geschieht das Wachstum am raschesten von allen. Im Durchschnitt wächst ein Bart 9 Zentimeter im Jahr, das heißt rund 10 Meter im ganzen Leben.

Den längsten bekannten Bart hatte Hans Langseth aus Kensett im US-Bundesstaat Iowa. Zur Zeit seines Todes im Jahre 1927 maß sein Bart knapp 6 Meter.

Unterarm- und Schamhaar

Unterarm- und Schamhaare sollen den Geruch, den die in diesen Bereichen in großer Dichte vorkommenden apokrinen Drüsen absondern, halten. Die apokrinen Drüsen reagieren auf Gefühle und werden hochaktiv, sobald die Person sexuell stimuliert wird. Wie Wissenschaftler vermuten, half der im Haar gesammelte Duft unseren Vorfahren, den Partner anzulocken und sexuell erregen. Möglicherweise spielt der Duft heute eine ähnliche, wenn auch sehr viel geringere Rolle.

Lockig und glatt?

Wieviele Locken unser Haar hat, hängt von der Form der Haarwurzeln ab. Kreisförmige Haarschäfte rufen glattes Haar hervor, ovale Haarschäfte bewirken welliges Haar und nierenförmige lockiges Haar.

Haare, die ausfallen

Kahlheit

Der Haarausfall des Mannes ist in der Regel die Folge einer hormonellen Veränderung im Körper. Bei einem von 5 Männern kommt es mit Mitte 20 zur rapiden Herausbildung einer Glatze. Ein weiteres Fünftel behält sein Haar ein Leben lang. Die übrigen verlieren ihr Haar schrittweise im Lauf ihres Lebens. Im allgemeinen gilt: Je mehr Haare ein Mann im Alter von 30 Jahren auf der Brust hat, umso weniger Haare wird er mit 40 auf dem Kopf haben. Die Hormone (Androgene), die das Brusthaar produzieren, sind auch für die Glatzenbildung beim Mann verantwortlich. Je höher die Hormonkonzentration, desto mehr Haare fallen aus.

Frauen verlieren meist 50 Prozent ihres Haars binnen 3 Monaten nach der Niederkunft. Die Ursache für diese teilweise und vorübergehende Kahlheit liegt in starken Schwankungen der Hormonproduktion.

Wachstum und Ausfall des Haars

Im Durchschnitt wächst ein Haar im Monat 1,25 Zentimeter, wobei es im allgemeinen am schnellsten am Vormittag wächst. Sind wir verliebt, sprießt unser Haar am flottesten. Dies läßt sich möglicherweise ebenfalls auf Schwankungen der Hormonproduktion zurückführen.

In der Regel verlieren wir täglich 70 Haare, doch aufgrund von seelischen Belastungen (auch das Sich-Verlieben gehört dazu), Erkrankungen, einer falschen Ernährung sowie Anämie kann sich die Zahl verdoppeln.

Weitere haarige Geschichten

Haarfarbe

Seine Farbe verleihen dem Haar die Melanozyten, spezielle Zellen, die Pigmentstoffe in den Haarwurzeln anlagern. Melanin produziert braun-schwarzes Haar; Phänomelanin bewirkt rötliches, kastanienbraunes und goldfarbenes Haar. Ein Nachlassen der Pigmentierung verursacht ein Ergrauen der Haare, während ein völliger Mangel an Pigmentierung weißes Haar hervorruft. In Schottland kommen mehr Rothaarige zur Welt als in irgendeinem anderen Land der Erde: 11 Prozent der Bevölkerung haben rotes Haar.

Blondschöpfe und Linkshänder

Nach einer Umfrage unter 1000 Männern und Frauen im Bostoner Beth-Hospital ist es doppelt so wahrscheinlich, daß natürliche Blondschöpfe doppelt so oft Linkshänder sind wie Menschen mit brünettem oder rotem Haar.

Chemotherapie

Einem Krebspatienten, der sich einer Chemotherapie unterzieht, geht oft das gesamte Haar aus. Wächst es nach, so besitzt es häufig einen anderen Farbton als vorher.

Wenn wir uns »sträuben«

Als Reaktion auf Furcht oder Kälte richten sich winzige Muskeln in unserer Haut auf, die »Erector pili«, und bewirken so das Aufstellen der Körperhaare. Diese Reaktion, die sich am deutlichsten bei Hunden und Katzen beobachten läßt, verfolgt einen doppelten Zweck: Sie läßt das Tier größer und wilder erscheinen und trägt zugleich zur Vermeidung von Wärmeverlusten bei, indem die Haut um die Haarwurzeln herum aufgestellt wird und die Poren sich schließen.

Der halbnackte Affe

Der Mensch hat zwar ebenso viele Haarfollikel wie ein Gorilla, aber die »Natur« der Behaarung weist große Unterschiede auf. Gorillas besitzen lange »End«-Haare, während Menschen überwiegend mit »Vellus« bedeckt sind – einer feinen, flaumigen Behaarung.

Ein mysteriöser Fall von »Daumen«-Haar

Im zweiten Weltkrieg wurde einem Verwundeten ein Stück seiner Kopfhaut auf den Daumen verpflanzt. Die Haare gediehen prächtig und wuchsen genauso, als ob sie auf dem Kopf gesprossen wären. Jahre später wurde der Daumen freilich kahl – ironischerweise zur gleichen Zeit wie die Kopfhaut des Soldaten.

Unsere Knochen und unsere Muskeln

Knochen-Arbeit

Die Knochen bilden das Gerüst, das erforderlich ist, den Körper aufrecht zu halten und die lebenswichtigen Organe zu schützen. Das Knocheninnere, das Mark, produziert Blutzellen. Das Knochenäußere bewirkt die Speicherung und Ausscheidung von Kalzium und stärkt so die Nervenleitung, die Kontraktion der Muskeln – darunter den Herzschlag – sowie die Blutgerinnung.

45 Prozent der Knochen bestehen aus mineralischen Ablagerungen, vor allem aus Kalziumphosphat. Weitere 30 Prozent bestehen aus Bindegewebe, Zellen und Blutgefäßen, die restlichen 25 Prozent sind Wasser. Entfernt man den Inhalt an Mineralstoffen aus den Knochen, werden sie so biegsam, daß sie sich zu Knoten schlingen lassen.

Das Knochengewebe zählt zu den stabilsten Baumaterialien überhaupt. Es hält Belastungen von 8600 Pfund pro Quadratzentimeter stand und ist daher etwa viermal so stabil wie Stahl oder Stahlbeton.

Der einsame Knochen

Das oberhalb des Kehlkopfs gelegene Zungenbein dient der Verankerung der Zungenmuskeln und ist der einzige Knochen, der keinen anderen Knochen berührt. Da das Zungenbein oft bricht, wenn jemand erhängt oder erdrosselt wird, wird es häufig als Beweisstück bei Mordfällen herangezogen, bei denen das Opfer vermutlich erdrosselt wurde.

Der Musikantenknochen

Den kitzeligen Schmerz, den wir spüren, wenn wir auf eine bestimmte Stelle am Ellbogen schlagen, verursacht nicht der »Musikantenknochen«, sondern der Ellennerv, der Nervus ulnaris; er führt an dem – passenderweise so bezeichneten – »Humerus«, dem Oberarmknochen entlang. Bei einem Schlag wird der Nerv am unebenen, höckerigen Teil des Humerus zusammengedrückt, wodurch in diesem Bereich eine vorübergehende Lähmung eintreten kann.

Knochen und Schwerkraft

Damit unsere Knochen ihren Umfang und ihre Widerstandskraft bewahren, müssen sie regelmäßig bewegt werden. Ohne ausreichendes Training verlieren Astronauten unter den Bedingungen der Schwerelosigkeit bereits nach wenigen Wochen große Mengen Knochenkalzium. Bereits unter normalen Schwerkraftverhältnissen kann eine längere Bettruhe zu einem Schwund der Knochen führen. Im Gegensatz dazu haben Marathonläufer die dicksten und kräftigsten Beinknochen.

Das sitzt mir in den Knochen

Menschen, die unter rheumatischer Arthritis leiden, haben ungefähr 12 Stunden bevor es zu regnen anfängt Gelenkschmerzen. Einer empirischen Studie zufolge sind viele Arthritis-Patienten in der Lage, Luftdruck-Unterschiede von nur 7 Millibar wahrzunehmen – einfach deshalb, weil sich die Schmerzempfindlichkeit geändert hat.

Entkalkte Knochen

Ist der Kalziumgehalt im Blut zu niedrig, geht unser Körper an die Kalziumreserven in den Knochen, was schließlich dazu führt, daß sie dünner werden und sogar brechen können. Ein solcher Knochenschwund, oder Osteoporose, ist ein weitverbreitetes Problem bei älteren Frauen, die mehr Knochenbrüche erleiden als irgendeine andere Altersgruppe.

Der längste Knochen

Der längste bekannte Knochen gehörte einem 2,40 Meter großen Deutschen, der 1902 in Belgien starb. Sein Oberschenkelknochen, der Femur, war 76 Zentimeter lang. Im Vergleich dazu mißt der Femur im Durchschnitt nur 46 Zentimeter.

Knochen aus dem Meer

Der Gehalt an Mineralien, die Porösität und schließlich die allgemeine Zusammensetzung der menschlichen Knochen sind nicht nur nahezu identisch mit einigen im Südpazifik vorkommenden Korallenarten, vielmehr weisen sie eine derart große Ähnlichkeit auf, daß einige plastische Chirurgen sie verwenden, um bei einer Gesichtsoperation verlorengegangenes menschliches Knochengewebe zu ersetzen. Statt die Korallen abzustoßen – ein Problem bei fast allen Transplantationen –, dringt das natürliche Knochengewebe in die Korallen ein und verstärkt sie auf diese Weise noch.

Wie sich die Knochen im Körper verteilen

Beim erwachsenen Menschen verteilen sich die Knochen wie folgt:

	Zahl der Knochen
Schädel	22
Ohren	6
Rückenwirbel	26
Brustbein	3
Hals	1
Brustgürtel	4
Arme und Hände	60
Hüfte	2

| Beine und Füße | 58 |
| Rippen | 24 |

Bei dieser Verteilung der Knochen gibt es eine seltsame Ausnahme. 1 von je 20 Menschen hat eine zusätzliche Rippe; am häufigsten findet sie sich bei Männern. Nach Angaben des Smithsonian Institute sind 16 Prozent der Eskimo-Männer und 7 Prozent der Japaner mit einer solchen Rippe ausgestattet.

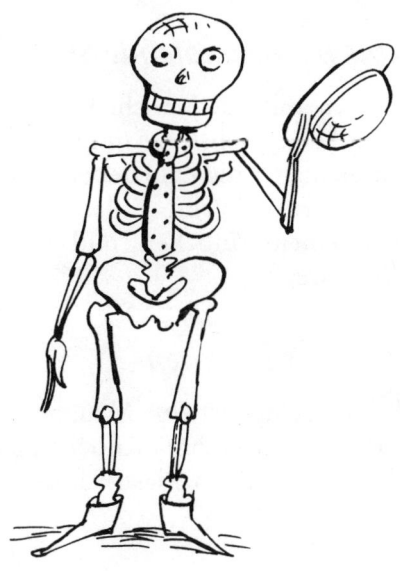

Männlich und weiblich

Wissenschaftler verwenden eine Vielzahl von Merkmalen zur Unterscheidung des männlichen und weiblichen Skeletts. Frauen haben ein breiteres und kürzeres Brustbein, schlankere Handgelenke sowie eine kleinere und weichere Kinn- und Schädelregion; beim Schädel des Mannes ist die Stirnpartie schräger, und die Augenbrauenwülste sind kräftiger. Das männliche Skelett ist in der Regel größer, Frauen haben dafür ein breiteres Becken mit einer großen, runden Geburtsöffnung in der Mitte. Beim Mann ist diese Öffnung kleiner und mehr herzförmig.

Unser Skelett im Schrank

Unser Knochengewebe wird ständig vernichtet und ersetzt. Ungefähr alle 7 Jahre produziert der Körper die Menge neuen Gewebes, die einem vollständigen neuen Skelett entspricht.

Das unglaublich schrumpfende Skelett

Säuglinge kommen mit 350 Knochen zur Welt, von denen sich viele während des Wachstums miteinander verbinden, so daß im Erwachsenenalter die Zahl der einzelnen Knochen auf nur 206 Knochen zurückgeht. Zuletzt verschmilzt unser Schlüsselbein zu einem Knochen, und zwar im Alter zwischen 18 und 25 Jahren.

Der hohe Preis der Knochen

Das Skelett des Menschen ist eine Mangelware. Im Jahr 1989 betrug der Preis für ein aus echten Knochen gefertigtes Skelett 1995 Dollar. Die Version aus Plastik kostete allerdings nur 380 Dollar.

Wie die Muskeln funktionieren

Die 656 Muskeln im ganzen Körper lassen sich in 2 Gruppen einteilen: Die 1. Gruppe, die willkürlichen Muskeln, ist mit Sehnen am Skelett befestigt und hilft dem Körper bei den vom Bewußtsein gesteuerten Bewegungen; die 2. Gruppe – die unwillkürlichen Muskeln – kleidet die inneren Organe aus; sie ziehen sich automatisch zusammen und regeln die Funktionen des Herzens, der Lunge, der Eingeweide, der Blutgefäße und der Drüsen.

Die durch die Muskeln verlaufenden Nervenfasern empfangen chemisch-elektrische Impulse aus dem Gehirn und regen die Muskeln zu Kontraktionen an. Die Muskeln arbeiten stets durch Verkürzung oder Zusammenziehung, aber nie durch Drücken (auch dann nicht, wenn man Liegestütze macht). Die Vielfalt der Körperbewegungen wird durch Muskel»mannschaften« ermöglicht – das heißt, jeder Gruppe von Muskeln steht eine entgegengesetzte Muskelgruppe gegenüber, die die Bewegung umkehrt.

Muskeln bestehen aus winzigen einzelnen Fasern, nur selten werden alle Fasern in einem Muskel gleichzeitig bewegt. Hebt man einen leichten Gegenstand – beispielsweise ein Buch –, werden lediglich einige wenige Armmuskeln benutzt. Heben wir einen schweren Gegenstand, zum Beispiel einen Fernsehapparat, dann kommen mehr Fasern zum Einsatz. Jede Muskelfaser muß an- und entspannen, wenn die Muskelkraft über längere Zeit benötigt wird. Muskeln ermüden, wenn sie nicht mehr ausreichend mit Sauerstoff und Nährstoffen versorgt werden. Die Herz- und die Atemfrequenz beschleunigen sich, um die Muskeln mit zusätzlichem Brennstoff zu versorgen, aber nicht immer können sie das Tempo mithalten. Die Folge ist, daß sich Säure in den Muskeln ansammelt. Das raubt uns die Kraft und lähmt so buchstäblich jede weitere Kontraktion.

Tragbare Heizungen

Frösteln ist ein natürliches Alarmzeichen des menschlichen Körpers. Bei extremer Kälte kann es sich zu einer schlechterdings lebensrettenden Maßnahme entwickeln. Wärme produziert das Frösteln dadurch, daß es die Muskeln zwingt, sich blitzartig zusammenzuziehen und zu entspannen. Ungefähr 80 Prozent der dabei aufgewendeten Muskelenergie wird in Körperwärme umgewandelt – was in einigen Fällen ausreicht, einen Liter Wasser bis zu einer Stunde am Kochen zu halten.

Wie eine Studie belegt, eignet sich das Frösteln besser zur Erwärmung des Körpers als der Gebrauch einer Wärmflasche oder körperliche Bewegung. Mehr noch: In manchen Fällen kann die aus einer äußeren Quelle stammende Wärme eine leichte Unterkühlung hervorrufen oder sogar schädigend wirken, da dadurch der Schüttelfrost-Reflex blockiert wird.

Finger ohne Muskeln

Die Finger zählen zwar zu den meistbenutzten Teilen des Körpers, aber die Muskeln, die die Sehnen der Finger strecken, liegen in der Hand und im Unterarm. Krempeln Sie einmal die Ärmel auf und bewegen Sie die Finger auf und ab, dann können Sie sehen, wie sich die Muskeln des Unterarms bewegen.

Der längste, stärkste, größte, kleinste, schnellste und langsamste

Der längste Muskel im Körper, der Sartorius, läuft von der Taille bis zum Knie und dient zum Beugen der Hüfte und des Knies.

Der kräftigste Muskel ist der Glutaeus maximus, der große Gesäßmuskel; er bewegt den Oberschenkelknochen.

Der größte Muskel ist der Latissimus dorsi, der flache Rückenmuskel, der die Armrotation erlaubt.

Zu den kleinsten zählt der Stapedius – er mißt 1,2 Millimeter. Er aktiviert den Steigbügel und überträgt die Schallwellen aus dem Trommelfell zum Innenohr. Ein weiterer besonderer Winzling ist der Erector pili, den wir zum Aufrichten der Gänsehaut benötigen.

Die schnellsten sind die Muskeln des Auges, sie ziehen sich in weniger als einer Tausendstelsekunde zusammen.

Der Langsamste ist der Soleus im Unterschenkel, er hilft, den Körper aufrecht zu halten und zieht sich in einer Zehntelsekunde zusammen.

Leichter fällt uns ein Lächeln

Der Musculus risorious und der Musculus zygomaticus arbeiten im Gespann mit 15 weiteren Gesichtsmuskeln, um ein Lächeln hervorzubringen. Ein Stirnrunzeln hingegen erfordert die Arbeit von 43 Muskeln und ist daher sehr viel schwieriger hervorzurufen.

Der größte Bizeps

Den mächtigsten Bizeps, der je gemessen wurde, hatte Isaac Nessen – der Muskel maß im Umfang 66 Zentimeter.

Unser Herz und unser Blut

Wie das Herz funktioniert

Das Herz ist kaum größer als eine geballte Faust. Es erweitert und kontrahiert sich beim Mann 70mal pro Minute (78mal bei einer Frau, 90mal bei einem Zehnjährigen und 130mal bei einem Säugling). Im Schnitt pumpt das Herz pro Tag rund 5700 Liter Blut durch den Körper. Im ganzen Leben pumpt das Herz soviel Blut, daß sich damit 13 Supertanker, jeder davon mit einem Fassungsvermögen von 1 Million Barrel (= 160 Millionen Liter), füllen ließen.

Fragt man jemanden danach, wo sein Herz liegt, erhält man meist zur Antwort: auf der linken Seite der Brust. Das ist falsch. Vielmehr befindet sich unser Herz zu einem Drittel auf der rechten Körperseite.

Das Herz ist in 4 Kammern unterteilt, in die Vorhöfe, die beiden oberen Kammern und die Ventrikel, die beiden unteren Kammern. Durch diese 4 Kammern wird das Blut mit Hilfe der 4 Herzklappen – der Trikuspidal-, der Pulmonal-, der Mitral- und der Aortenklappe – gepumpt, die sich öffnen und schließen, damit das Blut hindurchströmen kann.

Der Blutkreislauf transportiert den Sauerstoff und die Nährstoffe zu den aufnahmebereiten Zellen des Bindegewebes und der inneren Organe. Wird dem Blut Sauerstoff entzogen, nimmt es eine bläuliche Färbung an.

Schließlich gelangt dieses Blut wieder zum Herzen (Blut benötigt etwa 16 Sekunden, um vom Herzen zu den Zehen und von dort zurückgepumpt zu werden). Dort wird es vom rechten Vorhof aufgenommen und zur Lunge gepumpt. In der Lunge gibt das Blut das überschüssige Kohlendioxyd ab und nimmt einen neuen Vorrat an Sauerstoff auf.

Vom linken Ventrikel wird dieses rote, mit Sauerstoff angereicherte Blut in die Aorta, die Hauptschlagader, gepumpt. Diese befördert es zu den übrigen 90 000 Kilometern des Blutkreislaufs, und der ganze Prozeß der Nahrungszufuhr beginnt von neuem.

Das Herz des Sportlers

Wie jeder andere Muskel wächst auch das Herz und arbeitet umso effektiver, je mehr es trainiert wird. Das Herz eines Sportlers pumpt die gleiche Blutmenge wie das eines Untrainierten – aber mit weniger Schlägen. Ein gut trainiertes Herz, wie das eines Marathonläufers, schlägt häufig langsamer als ein schlecht trainiertes Herz. Hier eine kleine Aufstellung der unterschiedlichen Herzfrequenzen bei verschiedenen Sportlern:

Sportart	Puls im Ruhezustand
Erwachsener / Durchschnitt	70–78
Fechter	68
Gewichtheber	65
Volleyballspieler	60
Kurzstreckenläufer	58
Football-Spieler	55
Ruderer	50
Schwimmer / Langstreckenläufer	40–45
Marathonläufer	35

Befindet sich der Körper in waagerechter Lage, vergrößert sich der Umfang des Herzens, und es pumpt dann mehr Blut pro Schlag. Im Wasser pumpt das Herz eines Schwimmers sogar noch mehr Blut pro Herzschlag – bis zu 20 Prozent mehr –, da die geringere Schwerkraft den Kreislauf weniger stark belastet.

163

Herzschläge außerhalb des Körpers

Der Herzmuskel schlägt noch weiter, nachdem man ihn aus dem Körper entfernt hat. Aufgrund der einzigartigen chemisch-elektrischen Eigenschaften der Herzmuskelzellen schlagen selbst winzige, aus dem Muskel herausgeschnittene Stücke des Muskels weiter, wenn man sie in ein Reagenzglas mit warmer Salzlösung legt.

Musik, die das Herz langsamer schlagen läßt

Die größte beruhigende Wirkung auf unsere Psyche hat Musik dann, wenn ihr Rhythmus ungefähr dem der Schlagfrequenz des Herzens im Ruhezustand (70 Schläge pro Minute) entspricht. Die Musik kann sogar einen beschleunigten Herzschlag verlangsamen. Zu den Musikstücken, die am wirksamsten ängstliche Herzen ruhiger schlagen lassen, gehören:

- Venus, the Bringer of Peace (*The Planets*), von Holst
- *Ma Mère l'Oye*, erster Satz, von Ravel
- *Die Brandenburgischen Konzerte*, Nr. 4, zweiter Satz, von Bach
- *Suiten für Orchester*, Nr. 2 (Sarabande), von Bach

Herzanfälle

Ein Herzinfarkt wird von einem teilweisen Absterben des Herzmuskels beziehungsweise dessen Schädigung aufgrund einer nicht ausreichenden Blutversorgung bewirkt. Diese mangelhafte Versorgung mit Blut läßt sich in der Regel darauf zurückführen, daß die Arterien wegen einer übermäßigen Verdichtung von Cholesterin oder durch das Rauchen, das bekanntermaßen die Blutgefäße verengt, blockiert wurden. Zu einem Herzinfarkt kommt es meist zwischen 6 und 9 Uhr morgens: Dann steigen der Herzschlag und der Blutdruck, und die Blutplättchen werden »klebriger«, neigen verstärkt zum Verklumpen. Am geringsten ist die Zahl der Herzinfarkte gegen Mitternacht; in dieser Zeit verlangsamen sich der Herzschlag, der Blutdruck und die Ausschüttung von Streßhormonen.

Die Farbe des Blutes

Blut besteht aus roten Blutkörperchen, weißen Blutkörperchen und Blutplättchen; sie schwimmen alle in dem strohfarbenen Blutplasma. Dieses flüssige Element macht nicht nur 55 Prozent der Zusammensetzung des Blutes aus, sondern es verteilt auch Proteine, Glukose, Salze, Vitamine, Hormone und Antikörper im ganzen Körper.

Die roten Blutkörperchen, von denen es in unserem Körper im Durchschnitt 25 Billionen gibt, bilden den zweitgrößten Bestandteil des Blutes. Jedes rote Blutkörperchen transportiert Sauerstoffmoleküle aus der Lunge ab und verteilt sie dann an das Körpergewebe und die inneren Organe. Im Bindegewebe wiederum füllen sich die roten Blutkörperchen mit Kohlendioxyd – einem Stoffwechselabbauprodukt –, das zur Ausscheidung zur Lunge befördert wird. Jedes rote Blutkörperchen durchfließt den Körper bis zu dreihunderttausendmal oder einen Zeitraum von 120 Tagen, ehe es verbraucht ist und abstirbt. Unterdessen produziert das Knochenmark pro Minute 3 Millionen Ersatzzellen.

Die weißen Blutkörperchen sind zwar nicht so zahlreich, spielen aber eine ebenso wichtige Rolle. Sie zerstören beispielsweise die abgestorbenen Zellen und produzieren die Antikörper zur Bekämpfung von Viren. Einige Arten der weißen Blutkörperchen sind in der Lage, Bakterien zu fressen und zu verdauen. Gebildet werden die weißen Blutkörperchen in den Lymphknoten, der Milz, der Thymusdrüse, den Mandeln und im Knochenmark.

Die im Knochenmark produzierten Blutplättchen verklumpen und reparieren ein geplatztes Blutgefäß, indem sie sich im Bereich der Wunde anlagern. Das halten sie jedoch nur 5 bis 8 Tage durch.

Die Blutgruppen

Es gibt vier Blutgruppen: A, B, AB und 0.
- Gruppe A enthält das Protein Antigen A in den roten Blutkörperchen und im Blutplasma das Protein Antikörper b. Antigene regen den menschlichen Organismus zur Produktion von Antikörpern an.
- Gruppe B enthält das Antigen B und Antikörper a.
- Gruppe AB enthält beide Antigene, aber keine Antikörper.
- Gruppe 0 enthält keine Antigene, aber beide Antikörper.

Da bestimmte Antigene und Antikörper untereinander unverträglich sind, lassen sich einige Blutgruppen nicht mischen. Diese unverträglichen Bestandteile verklumpen beim Kampf gegeneinander und rufen so eine tödliche Blockierung in den Blutgefäßen hervor.

Man weiß, daß sich die vier Blutgruppen wie folgt gegeneinander verhalten:
- Gruppe A kann problemlos Blut vom Typ A und Typ 0 empfangen.
- Gruppe B kann Blut vom Typ B und 0 empfangen.
- Gruppe AB ist »Universal-Empfänger« und kann alle Blutgruppen empfangen.

- Gruppe 0 kann nur 0 empfangen, ist aber »Universal-Spender«, da 0 sich mit allen anderen Blutgruppen verträgt.
- Gruppe 0 ist die auf der Welt verbreitetste Blutgruppe.

Zweimal um die Erde

Wenn man alle Blutgefäße aneinanderlegte, würden sie mehr als zweimal um die Erde führen.

Wenn man alle roten Blutkörperchen übereinanderlegte, entstünde ein 46 000 Kilometer hoher Turm.

»Eingeschlafene« Füße

Das Kribbeln im Fuß, das entsteht, wenn er »einschläft«, wird durch eine Stockung im Blutkreislauf hervorgerufen.

Unser Magen und unsere Verdauung

Wie der Magen funktioniert

Im Magen eines Erwachsenen gibt es 35 Millionen Verdauungsdrüsen. Die Magensäure zählt zu den stärksten uns bekannten Ätzmitteln: Rasierklingen und andere kleine metallische Gegenstände lösen sich in ihr in weniger als einer Woche auf. Damit der Magen sich nicht durch die eigene Magensaftproduktion selbst verdaut, muß er alle drei Tage eine neue Schleimhaut bilden. Dies bedeutet, daß die Schleimhaut in jeder Minute ungefähr 500 000 Zellen abstoßen und neu bilden muß.

Ihr Verdauungsfahrplan

Haben Sie sich auch schon einmal gefragt, was mit Ihrem Mittagessen geschieht, nachdem es in Ihrem Mund verschwunden ist? Eine Mahlzeit besteht in der Regel aus 65 Prozent Kohlehydraten, 25 Prozent Eiweiß und 10 Prozent Fett; nach der Nahrungsaufnahme dauert es etwa 4 Stunden bis zu ihrer Absorption in den Blutkreislauf. Hier nun ein typischer Verdauungsfahrplan eines Menschen:

12 Uhr mittags Wir beginnen zu essen. Mund und Zunge analysieren mit Hilfe ihrer 9000 Geschmacksknospen den ersten Bissen und identifizieren ihn in einer Zehntelsekunde. Die Zähne zerkleinern die Nahrung, wobei die Backenzähne mit einer Kraft zubeißen, die einem Druck von 150 Pfund und mehr entspricht. Unterdessen produzieren die Speicheldrüsen die Verdauungssäfte. Wir schlucken die Nahrung, sie gleitet in die Speiseröhre. (Selbst wenn man beim Essen auf dem Kopf steht, ziehen die Kontraktionen der Speiseröhrenmuskeln die Nahrung in den Magen hinauf.)

12.01 Uhr Die ersten Nahrungsteile fallen in den Magen. Die Säuren und Enzyme spalten die Nahrung auf; es entsteht der »Chymus«, ein angedauter Speisebrei. Die Kontraktionen der Magenmuskeln schütteln und mischen den Magenbrei alle 20 Sekunden. Nach Abschluß dieses Verarbeitungsprozesses wandert die Nahrung in den Dünndarm (eine 5 bis 8 Meter lange Röhre), wo der Großteil der Verdauung und der Absorption in den Blutkreislauf stattfindet.

13 Uhr Die Bauchspeicheldrüse sondert Verdauungssäfte mit alkalischen Eigenschaften in den Darm ab. (Ungefähr 1 Liter des basischen Verdauungssaftes wird täglich für diesen Zweck verbraucht.) Leber und Gallenblase fügen dem Ganzen Gallenflüssigkeit hinzu, damit die Fette aufgespalten werden können. Weitere Enzyme und chemische Stoffe werden vom Dünndarm selbst in die Nahrung abgesondert. Mit Hilfe vielfältiger Muskelkontraktionen schüttelt und zerteilt der Dünndarm die Nahrung. Nachdem dieser Prozeß beendet ist, gelangen die Nährstoffe durch die Dünndarmwand in die Blut- und in die Lymphgefäße und von dort dann in die Leber und andere innere Organe.

Zu diesem Zeitpunkt übernimmt die Leber gleich mehrere wichtige Funktionen. Sie absorbiert und speichert solche Nährstoffe wie zum Beispiel Eisen, Kupfer und eine ganze Reihe von fettlöslichen Vitaminen; sie entgiftet im Blut vorkommende Giftstoffe, transportiert Abbauprodukte ab und produziert das zur Aufrechterhaltung des Blutzucker-Spiegels notwendige Glykogen, Leberstärke. Schließlich produziert sie Gallenflüssigkeit, eine grünlichgelbe Flüssigkeit, die zur Verdauung von Fetten verwandt wird. Die unterhalb der Leber liegende Gallenblase dient der Gallenflüssigkeit als Speicherbeutel.

Zusätzlich zur Produktion der alkalischen und der Verdauungs-Enzyme wird in der Bauchspeicheldrüse Insulin produziert, das zur Regulierung des Blutzuckerspiegels im Körper beiträgt.

17 Uhr Die nicht verdaute Nahrung gelangt in den Dickdarm, wo der Großteil des Wassers absorbiert wird. Der Dickdarm schiebt die Abfallprodukte zum Mastdarm zur späteren Ausscheidung.

Währenddessen unterstützen die Nieren die Beseitigung der giftigen Abbauprodukte im Blut, indem sie die Nährstoffe wieder in Umlauf bringen und den Wasserhaushalt des Körpers regulieren. Die gesammelten Abbauprodukte werden in eine sterile Flüssigkeit, den Urin, umgewandelt. Während er sich noch im Körper befindet und noch nicht den außerhalb des Körpers vorkommenden Bakterien ausgesetzt ist, ist der Urin reiner als Speichel. Danach fließt er zur Speicherung in die Blase.

Während die Blase sich füllt, werden durch den zusätzlichen Druck winzige Sinnesorgane in der Blasenwand erweitert. Dadurch wird dem Gehirn die Nachricht übermittelt, daß der Urin nun ausgeschieden werden muß.

20 Uhr Die Nahrungsabbauprodukte bereiten sich darauf vor, den Dickdarm zu verlassen. Täglich werden etwa 150 Gramm Exkremente ausgeschieden – das entspricht 110 Pfund im Jahr oder 8250 Pfund im ganzen Leben. Diese Abbauprodukte bestehen aus 100 Gramm Wasser und 50 Gramm Bakterien, darunter unverdaute Zellulose, zerstörte Körperzellen, Gallenpigmente sowie Salz.

Schwer zu verdauen

Darmgase

Im Durchschnitt stößt der Mensch pro Tag rund 0,5 Liter Darmgas in Form von Blähungen aus. Zwischen 30 und 50 Prozent dieses Gases entstehen bei der Fermentierung unverdauter Nahrungsmittel; die restlichen 50 bis 70 Prozent resultieren aus verschluckter Luft.

Die durch Fermentierung verursachten Blähungen haben einen Geruch, den fast alle Menschen als unangenehm emp-

finden. Das von verschluckter Luft verursachte Darmgas ist dagegen geruchslos.

Bei den geruchserzeugenden Stoffen in dem entweichenden Darmgas handelt es sich um Ammoniak, Wasserstoffsulfid, um Aminosäuren, Fettsäuren und die überaus geruchsstarken Amine, wie beispielsweise Indol und Skatol. Ironischerweise werden diese beiden Verbindungen bei der Parfümherstellung verwandt, und zwar insbesondere für Parfüms mit Veilchenduft.

Die schlimmsten Blähungen rufen hervor: Kaugummi, kohlensäurehaltige Getränke, Apfelsaft, Bohnen, Broccoli, Blumenkohl, Weißkohl, Spargel und Rüben.

Übelkeit

Sind gefährliche Bakterien oder Viren im Essen, senden Rezeptoren in der Magenwand Nervenimpulse an das »Übelkeits-Zentrum« des Gehirns; oft geschieht dies auch, wenn wir zuviel gegessen haben. Das Gehirn sendet die Impulse zurück, was eine Entspannung der Magen- und Speiseröhrenmuskeln bewirkt. Die Muskeln des Zwerchfells und des

Oberbauchs ziehen sich stark zusammen und stoßen das Essen aus dem Magen. Manchmal öffnet sich der Ringmuskel des Pförtners, wobei auch etwas vom Inhalt des Dünndarms in den Magen gelangen kann.

Fakten über die Ernährung

Ernährung und Körpergröße

Nach Angaben einer Untersuchung über englische Grundschüler kann es passieren, daß mäkelige Esser, die sich als Kinder einer gesunden Kost verweigern, zwischen 2 und 3 Zentimeter kleiner bleiben als ihre weniger pingeligen Mitschüler. Wie die Forscher herausfanden, kam es zu einem um so drastischeren Verlust an Körpergröße, je weniger abwechslungsreich das Essen des Kindes war. Bei Kindern, die drei oder mehr Nahrungsmittel ablehnten, betrug das Wachstumsdefizit 3,5 Zentimeter.

Der Stoff, aus dem die Gedanken sind

Was wir essen, wirkt sich auf unser Gehirn aus. Kinder, die stark zuckerhaltiges Essen zu sich nehmen, schneiden beispielsweise schlechter bei IQ-Tests ab und erzielen schlechtere schulische Leistungen als ihre besser ernährten Kameraden. Kohlehydrate erhöhen die Serotoninkonzentration im Gehirn, wodurch Schläfrigkeit und eine geringere Sensibilität bewirkt wird; Eiweiß hingegen senkt den Serotonin-Spiegel und erhöht unsere geistige Fitneß.

Wieviel essen wir?

Die folgende Einkaufsliste enthält alles, was ein Mensch in seinem Leben zur Ernährung braucht.

4 Tonnen Rindfleisch	½ Tonne Käse
4 Tonnen Tomaten	108 000 Scheiben Brot
4 Tonnen frisches Gemüse	101 000 Liter Sodawasser
3 Tonnen frisches Obst	7600 Liter Milch
2 Tonnen Hühner	6800 Liter Bier
½ Tonne Fisch	3300 Liter Tee
20 000 Eier	1100 Liter Wein
3 ½ Tonnen Zucker	80 000 Tassen Kaffee

Ein Nordamerikaner nimmt im Durchschnitt jährlich eine Tonne Speisen und Getränke zu sich. Das entspricht im ganzen Leben fast 74 Tonnen.

Die Eßgewohnheiten auf der Welt

Annähernd 45 Prozent der Menschen essen weltweit mit Messer und Gabel und Löffel; 36 Prozent kommen mit Stäbchen aus; 11 Prozent essen mit der Hand und einer Gabel; und 8 Prozent nehmen nur die Hände.

Was der Körper im Leben aufnimmt und ausstößt

Was es direkt und indirekt bedeutet, daß wir in unserem Leben ungefähr 74 Tonnen Nahrungsmittel zu uns nehmen, machen die folgenden, einigermaßen überwältigenden Gesamtzahlen deutlich:

Funktion	Gesamtzahl im Leben
Ausgeschiedener Urin in Litern	40 500
Herzschläge	2 700 000 000
Gepumptes Blut in Litern	350 000 000
Atemzüge	740 000 000

Produzierte Spermien	400 000 000 000
Befruchtungsfähige Eier	450
Wimpernschläge	333 000 000
Fingergelenkreflexe	25 000 000
Haarwachstum (Kopfhaut) Kilometer	530
Nagelwachstum Meter pro Finger	4
Lachanfälle	540 000
Weinkrämpfe	3000
Träume / Alpträume	127 500

Verbrauch 0,26 Liter je 100 km

Der Körper des Menschen ist unglaublich effizient bei der Umwandlung von Nahrung in Energie. Fährt man mit einer Geschwindigkeit von 16 km/h eine Stunde lang Fahrrad, so benötigt er die Nahrungsenergie, die in nur 90 Gramm Kohlehydraten enthalten ist. Das entspricht grob gerechnet 43 Gramm Benzin. Würde unser Körper statt mit Nahrungsmitteln mit Benzin betrieben, dann verbrauchten wir lediglich 0,26 Liter je 100 km.

Im Körper produziert 1 Pfund Butter dreimal soviel Energie, wie 1 Pfund des hochgiftigen und brennbaren Stoffes TNT erzeugt.

Ernährung und die Rücksicht auf unsere Gesundheit

Verhältnis von Nahrungsaufnahme und Körpergewicht

Jedes Pfund Körpergewicht entspricht 3500 Kalorien. Nehmen wir an einem Tag 500 Kalorien mehr zu uns, als wir durch Bewegung verbrauchen, haben wir am Ende der Woche 1 Pfund zugenommen, oder 52 Pfund am Jahresende.

Vielen Menschen fällt das Zunehmen ebenso schwer wie das Abnehmen. In der Regel muß ein Mensch im Durchschnitt rund 35 Kartoffeln essen, um 1 Pfund zuzunehmen. Ißt man eine Schokoladentorte, nimmt man freilich leichter zu, wie sich an der folgenden Tabelle ablesen läßt.

Nahrungsmittel	Menge, die erforderlich ist, um ein Pfund zuzunehmen
Selleriestengel	630*
Tomaten (klein)	108
Äpfel	45
Scheiben Brot	45
Bananen	36
Kartoffeln	35
Birnen	31
Frankfurter Würstchen	21
Milch	20 Tassen
T-bone-Steak	1 ½ Pfund
Schokoladentorte mit Schokoladenguß (Durchmesser 40 cm)	1

Schlankheitskuren und körperliche Betätigung

Wer eine Schlankheitskur beginnt, verliert zunächst überwiegend Wasser und nicht Fett. Setzt man die Kur fort, wird dem Gehirn die Nachricht übermittelt, die Stoffwechselrate zu verlangsamen, damit die Kalorien weniger rasch verbrannt werden. Diese Anpassung hat sich im Laufe der Evolution entwickelt und soll uns in Notzeiten Schutz bieten. Dies ist auch der Grund, weshalb wir manchmal so schwer abnehmen.

Sportliche Betätigung hingegen erhöht den Stoffwechsel und führt zu einem schnelleren Abbau des Körperfetts. Zudem zügelt Sport den Appetit.

Die untenstehende Tabelle beruht auf einer Untersuchung

* Die Voraussetzung dabei ist, daß beim Essen des Selleries keine Kalorien verbraucht werden. Tatsächlich verbraucht der Körper aber beim Kauen und Schlucken eines Stengels mehr Energie, als er zurückerhält.

der Sports Academy der USA und führt die Sportarten auf, bei denen am meisten Kalorien verbrannt werden.

Sportart	Kalorienverbrauch je Stunde
Ski-Langlauf	1000
Laufen (16 km / h)	900
Schwimmen	750
Fahrradfahren (21 km / h)	660
Handballspiel	550
Tennis (Einzel)	450
Tischtennis	350
Gehen (5,5 km / h)	300

Die endgültige Schlankheitskur

Der Mensch kann ohne Essen höchstens 60 Tage überleben. Der Weltrekord im Fasten liegt bei 382 Tagen, wenngleich diese enorme Anstrengung nur durch die Zufuhr von Vitaminen und Flüssigkeit erzielt werden konnte.

Ohne Flüssigkeitszufuhr kann ein Mensch im Durchschnitt nur etwa 6 Tage auskommen. Wasser kann – anders als die Nährstoffe – nicht lange gespeichert werden. Zwar nehmen wir täglich rund 3 Liter Flüssigkeit zu uns, aber täglich verlieren wir 2,5 Liter mit dem Urin, durch das Schwitzen und durch die Atmung.

Geschmack

Ein Erwachsener besitzt im Schnitt 9000 Geschmacksknospen, sie befinden sich auf der Zunge, am Gaumen und im Hals. Kinder haben viele solcher Geschmacksknospen auf der Wange, die aber im Heranwachsendenalter verschwinden.

Jede Geschmacksknospe verfügt über winzige Rezeptoren mit Härchen an der Spitze. Diese Rezeptoren übermitteln über zum Gehirn führende Nervenbahnen die 4 Grundgeschmacksrichtungen. Die Geschmacksknospen auf der Zungenspitze reagieren empfindlich auf süß. Die auf der oberen Vorderpartie gelegenen Knospen reagieren auf salzige Geschmacksrichtungen. Die »sauren« Geschmacksknospen befinden sich hauptsächlich längs der Seiten der Zunge, während die »bitteren« im hinteren Bereich liegen. Diese »bitteren« Geschmacksknospen sind zehntausendmal empfindlicher als die »süßen« – eine notwendige Anpassung, die uns vor giftigen Substanzen warnt. Hervorgerufen wird das ganze Spektrum der Geschmacksrichtungen von einer Mischung von Nahrungstemperatur, Beschaffenheit und Geruch, aber auch von den Empfindungen der Geschmacksknospen. Wie etwas riecht, spielt bei unserer Geschmackswahrnehmung die wichtigste Rolle. Ist unser Geruchssinn blockiert, schmeckt eine Tomate fast wie ein Apfel. Außerdem zeigen Untersuchungen, daß man die Geschmacksrichtung der verschiedenen Fleischsorten nur durch Riechen herausfinden kann.

Unsere alternden Geschmacksknospen

Sind wir 45 Jahre alt, schrumpfen unsere Geschmacksknospen allmählich, und die Fähigkeit zur Geschmackswahrnehmung nimmt deutlich ab. Deshalb würzen ältere Menschen ihre Speisen auch oftmals stärker als junge Leute.

Die Geschmacksknospen der Tiere

Der Mensch nimmt von allen Lebewesen am meisten verschiedene Nahrungsmittel zu sich. Doch viele Tiere besitzen beträchtlich mehr Geschmacksknospen, wie die folgende Tabelle zeigt.

Tier	Geschmacksknospen
Katzenfisch (Wels)	100 000
Kuh	35 000
Kaninchen	17 000
Schwein	15 000
Ziege	15 000

Mensch	9000
Fledermaus	800
Vogel	200 oder weniger

Unsere Lunge und unsere Atmung

Wie die Lunge funktioniert

Die Lunge besteht aus 2 schwamm-ähnlichen Organen; diese bestehen wiederum aus 3 Lappen oder Flügeln auf der rechten und 2 Lappen auf der linken Körperseite. Die Luft, die durch die Nase oder den Mund in den Körper kommt, wird durch die Luftröhre hinabgesaugt. Durch den Bronchialbaum, der einem auf dem Kopf stehenden Baum ähnelt, gelangt sie an die tiefsten Stellen der Lungenflügel. Diese »Baum«äste verzweigen sich in Tausende kleiner Röhren und unterteilen sich an deren Ende weiter in Millionen kleinerer Bronchialästchen. Am Ende jedes Ästchens liegen die Alveolen, winzige Luftsäcke, durch die das Blut und der Sauerstoff diffundieren. Jedes Lungenbläschen hat einen Durchmesser zwischen 0,2 und 0,6 Millimeter.

In jeder Minute pumpt das Herz das gesamte vorhandene Blut durch die Lunge. Mittels des Kapillareffekts saugen die Alveolen das blaue, sauerstoffarme Blut in sich hinein und entfernen das Abbauprodukt Kohlendioxyd; das blaue Blut wird mit frischem Sauerstoff versorgt, wodurch es sich wieder rot verfärbt. Anschließend wird dieses mit Sauerstoff angereicherte Blut erneut durch den Körper gepumpt, wo es das aufnahmebereite Gewebe mit Nährstoffen versorgt. Währenddessen wird das Kohlendioxyd aus dem Körper ausgeschieden.

Die Oberfläche der Lunge

Die Gesamtoberfläche der Lunge entspricht ungefähr der eines Tennisplatzes und bietet ausreichend Platz für rund 300 Milliarden Kapillargefäße. Bände man diese Kapillaren aneinander, würde sie von New York bis Florida reichen.

Der Ursprung der Lunge

Die Evolution der Lunge läßt sich direkt bis zu den Fischen zurückverfolgen. Wissenschaftler vermuten, daß die Lunge ihren Ursprung in den Kehlsäcken jahrmillionenalter Fische hat, die ihnen beim Luftholen in sumpfigen Gegenden half, wo das Wasser nur einen geringen Sauerstoffgehalt aufwies. Später halfen diese Kehlsäcke den Fischen, sich auf ein Leben außerhalb des Wassers umzustellen und ebneten so den Weg für die Evolution der luftatmenden Amphibien und Reptilien.

Lungenvolumen

Das Lungenvolumen – das heißt, die Luftmenge, die wir einatmen und ausatmen können – ist ein vorzüglicher Indikator für unsere Lebensdauer. Nichtraucher und diejenigen, die ihre Lunge regelmäßig trainieren, leben meist am längsten.

Leben und Atmung

Der erste Atemzug des Babys

Um seine Lunge erstmals mit Luft zu füllen, muß das Neugeborene eine Saugkraft entfalten, die fünfzigmal stärker ist als die eines durchschnittlichen Atemzuges eines Erwachsenen.

Die Luft zum Atmen

Unser Körper benötigt im Liegen 8 Liter Luft pro Minute, 16 Liter im Sitzen, 24 Liter im Gehen und 50 Liter oder mehr im Laufen. Im ganzen Leben atmet der Mensch im Durchschnitt 285 Millionen Liter Luft ein.

Stadtluft und alte Luft

Stadtbewohner atmen täglich etwa 20 Millionen Partikel verschiedener Fremdstoffe ein. Es gibt Indizien dafür, daß bereits die Menschen in grauer Vorzeit verschmutzte Luft eingeatmet haben. Oft finden sich Kohleablagerungen – die aus dem Holzrauch in Häusern ohne Rauchabzug stammen – in erhaltenen Mumien.

Wie wir länger die Luft anhalten können

Atmen wir eine Minute lang tief ein und sättigen die Lunge mit Luft, bevor wir sie anhalten, bekommen wir mehr Puste. Ein Schwimmer kann auf diese Weise die Luft dreimal solange anhalten wie die »Normalbevölkerung«.

Atmende Sonnenstrahlen

Durch einen chemischen Prozeß, die Photosynthese, wandeln die Pflanzen Sonnenenergie in Nährstoffe um und geben Sauerstoff an die Luft ab. Wissenschaftlich gesprochen ist also die Luft, die wir einatmen, kaum mehr als umgewandeltes Sonnenlicht.

Der größte Sauerstoffvorrat auf der Erde befindet sich im größten Wald der Welt, dem Regenwald.

Die langsam-atmenden Alten

Je älter wir werden, desto langsamer atmen wir. Dies läßt sich an untenstehender Tabelle ablesen.

Alter	Atemzüge pro Minute
Kleinkind	40–60
5 Jahre	24–26
15 Jahre	20–22
25 Jahre* (männlich)	20–22
25 Jahre* (weiblich)	16–20

Die Leiden des Rauchers

Ein Raucher kann in der Regel damit rechnen, mit 67 Jahren zu sterben. Wer täglich 40 Zigaretten raucht, stirbt wahrscheinlich im Alter von 60 Jahren, ein Nichtraucher im Ver-

---

* Ab dem Alter von 25 Jahren bleibt die Zahl der Atemzüge etwa gleich.

gleich dazu mit 74 Jahren. Bei einem Zigarettenkonsum von einer Packung pro Tag verringert sich die Lebenserwartung um sieben Jahre.

Vierter Teil

Unser Anfang
und
unser Ende

Unsere Empfängnis und unsere Kindheit

Unsere Schöpfung

Bei der Geburt enthalten die Eierstöcke der Frau etwa 2 Millionen Eier; von ihnen ist jedes Träger eines genetischen Codes, der sich in Tausenden von Generationen der menschlichen Evolution herausgebildet hat. Von den 300 000 Eiern, die bis zur Pubertät überleben, reifen letztlich 450 zur möglichen Befruchtung im gebärfähigen Alter heran. Das Ei ist die größte Körperzelle – und die einzige, die man mit bloßem Auge erkennen kann.

Die kleinsten Zellen hingegen sind die männlichen Samenzellen, jedes Spermium hat eine Länge von 6 Mikrometern. Die Hoden produzieren monatlich 15 Milliarden Samenzellen, bei jedem Samenerguß werden 400 Millionen Spermien abgegeben. Zusätzlich zu den 22 Chromosomen, die alle die genetische Blaupause des Vaters enthalten, trägt jedes Spermium ein X- oder ein Y-Geschlechtshormon. Das X-Chromosom bestimmt das Geschlecht als weiblich, das Y als männlich.

Fruchtbare Mütter

Die Frau ist dazu geschaffen, in ihrem Leben bis zu 35 Kinder zu gebären. Die afrikanische Ratte – das Weibchen hat statt der 6 Zitzen zwölf – kann im Vergleich dazu jährlich bis zu 120 Junge bekommen.

Gelegentlich wird die biologische Grenze für Menschen jedoch überschritten, so wie in dem Fall einer russischen Frau, die 69 Kindern das Leben schenkte – ein Rekord. Bei 27 Schwangerschaften zwischen den Jahren 1715 und 1765 brachte sie sechzehnmal Zwillinge, siebenmal Drillinge und viermal Vierlinge zur Welt. Nach Angaben eines Moskauer Berichts überlebten von ihnen 67 Kinder. Die fruchtbarsten

Frauen von heute sind die Kenianerinnen, die im Durchschnitt 8 Kinder gebären. Europäerinnen bringen im Gegensatz dazu im Schnitt 2 oder weniger Kinder zur Welt. Der Weltdurchschnitt beträgt 4 Kinder.

Alte Mütter

Wie Statistiken zeigen, haben im Jahre 1940 7558 amerikanische Frauen, die älter als 45 Jahre waren, ein Kind zur Welt gebracht. 1985 bekamen nur 1162 Frauen über 45 Jahren ein Kind; diese Zahlen bezeugen die Wirksamkeit der heute praktizierten Empfängnisverhütung.

Die älteste Mutter, von der man weiß, ist Ruth Kistler aus Oregon. Sie gebar noch im Alter von 57½ ein gesundes Töchterchen.

Schwangerschaft und Teenageralter

Entgegen dem landläufigen Verständnis ist die Zahl der Teenager-Schwangerschaften in den Vereinigten Staaten relativ stabil geblieben. Wie die folgende Tabelle belegt, gab es mehr Teenager-Schwangerschaften in den fünfziger und siebziger Jahren des 20. Jahrhunderts als in den Achtzigern.

Jahr	Zahl der Schwangerschaften
1940	336 553
1955	499 951
1970	656 460
1985	477 705

»Schwangere« Väter

Oft entwickeln Ehemänner die gleichen Symptome wie ihre schwangeren Frauen. Es kommt daher gar nicht selten vor, daß der Ehemann unter Übelkeit leidet, die manchmal bis hin zum Erbrechen führt. Nach Angaben einer Studie der Case Western Reserve-Universität leiden 40 Prozent der »psychologisch schwangeren« Männer während der Schwangerschaft ihrer Partnerin unter Stimmungsschwankungen und Gewichtszunahme. Die Gewichtszunahme beträgt im Durchschnitt 3,5 Pfund; manche Männer nehmen aber bis zu 20 und 25 Pfund zu.

Der entbehrliche Mann

Vielleicht wird der Mann zukünftig zur erfolgreichen Fortpflanzung nicht mehr erforderlich sein. Es gibt eine Vielzahl von Organismen, die sich mit Erfolg fortpflanzen, ohne Geschlechtsverkehr zu haben.

Die Parthenogenese, die Fortpflanzung ohne die Verwendung von Sperma, kommt bei Fischen, Reptilien, Amphibien und Vögeln vor. Ob dieses Phänomen auch bei Säugetieren existiert, ist allerdings nicht bekannt. Im Südwesten der Vereinigten Staaten gibt es 12 Eidechsen-Arten, die 7 Generationen ohne Männchen hervorgebracht haben – einen im wahrsten Sinne des Wortes »Klon« von Tieren.

Ein Biologe der Yale-Universität hat einmal versucht, eine parthenogenetische Entwicklung bei Mäusen anzuregen, jedoch ohne Erfolg. Zwar läßt sich die Entwicklung eines Säugetier-Eis ohne die Befruchtung durch eine Samenzelle mit Hilfe von Elektroschocks, mechanische Reizungen oder das Einlegen in eine Salzlösung auslösen, doch stirbt der Embryo jedesmal, noch ehe er den Reifungsprozeß zur Hälfte durchlaufen hat. Hierbei kann es sich um einen von der Evolution entwickelten Mechanismus handeln, der die Fortsetzung der sexuellen Fortpflanzung gewährleisten soll – mit den daraus folgenden langfristigen Vorteilen genetisch bedingter Variation.

Die Bildung des Menschen von Grund auf

Menschen beginnen ihr Leben als einzellige Zygote, also der aus der Verschmelzung von Spermium und Ei hervorgegangenen Zelle: Sie ist kleiner als der Punkt am Ende dieses Satzes.

Diese einzelne Zelle enthält sämtliche Erb-Informationen, die erforderlich sind, um einen Menschen von Grund auf zu schaffen und aufzubauen. Am Ende teilt sich die Zelle in mehr als 100 Billionen Geschwisterzellen; einige von ihnen bilden die Augen, einige die Venen und Arterien, andere wiederum die inneren Organe und so weiter. Die Methode, mit der diese Zellen »wissen«, wie sie sich zu einem so komplexen Organ wie einem Herzen oder einer Zunge organisieren, ist aber unbekannt.

Selbst nach dem ersten Schwangerschaftsmonat ist der menschliche Embryo noch so klein, daß er auf ein 2-Mark-Stück passen würde. Im 3. Monat geht er mühelos in ein großes Hühnerei. Über die Hälfte seines Gewichts erlangt der Fötus in den letzten 6 bis 8 Wochen seiner Entwicklung.

Die Geister unserer Vorfahren

Der sich entwickelnde Embryo eines Menschen und der eines Hundes weisen erstaunlich große Ähnlichkeiten auf. Beide besitzen winzige Kiemenbögen – ein Beleg dafür, daß wir einstmals im Meer lebten. Die Kiemenbögen befinden sich, ähnlich wie beim Fisch, in der Nähe des Halses. Beim Menschen wie beim Hund und anderen Säugetieren wandeln sich diese Kiemenbögen zum Skelett des Kehlkopfes und zu den Gesichtsmuskeln. Der Embryo des Hundes wie auch der des Menschen hat einen winzigen Schwanz. Beim Menschen verschwindet dieser Schwanz vor der Geburt. Gelegentlich kommt ein Kind mit einem voll entwickelten Schwanz zur Welt, der chirurgisch entfernt werden muß.

Während der 9 Monate dauernden Entwicklung im Mutterleib erscheinen immer wieder die Geister unserer Vorfahren. Der menschliche Fötus liegt nämlich geschützt unter dem Lanugo, einem feinen Pelzkleid. Der Lanugo verschwindet – wie der Schwanz – noch vor der Geburt.

Das fötale Meer

Das Fruchtwasser besteht aus einem Gemisch aus dem Blut der Mutter und dem Urin des Fötus und wird alle 3 Stunden ausgetauscht. Zwischen der 8. und der 12. Schwangerschaftswoche bildet sich dieser Urin, den der Fötus trinkt, ins Fruchtwasser ausscheidet und dann erneut trinkt.

Der bewußte Fötus

Im zweiten Schwangerschaftsdrittel entwickelt sich beim Fötus das Bewußtsein. Vom 4. Monat an reagiert das Ungeborene sehr schreckhaft und wendet sich ab, wenn grelles Licht auf den Bauch der Mutter fällt; im 6. Monat reagiert der Fötus auf Geräusche. Wie Studien ergaben, beruhigt leise und sanfte Musik den Fötus, während er bei Rockmusik anfängt, ungestüm um sich zu schlagen. Der Fötus scheint auch auf die eigenen Gedankengänge emotional zu reagieren. Ist er 6 Monate alt, kann man sehen, wie er die Stirn runzelt, Grimassen zieht und lächelt.

Während der nun folgenden Entwicklungsmonate nuckelt

er mitunter so stark am Daumen, bis sich eine Blase daran bildet. Zudem bekommen männliche Föten nun, wie Ultraschalluntersuchungen zeigen, erstmals eine Erektion.

Hier die Tragzeiten verschiedener Tiere im Vergleich zur Schwangerschaft des Menschen:

Tierart	Tragezeit in Tagen
Indischer Elefant	625
Nashorn	560
Giraffe	410
Kamel	400
Wal	365
Pferd	340
Kuh	280
Mensch	266
Schimpanse	237
Ziege	151
Hund	63
Katze	60
Kaninchen	30
Maus	19
Hamster	16
Beutelratte	12

Ach, Baby!

Geboren in der Nachtschicht

Aufgrund der natürlichen Uhr im menschlichen Körper werden mehr Babys zwischen Mitternacht und 8 Uhr morgens geboren als zu irgendeiner anderen Tageszeit. Aus mysteriösen Gründen werden in den Vereinigten Staaten die meisten Babies an einem Dienstag geboren (vgl. untenstehende Tabelle).

**Geburten im Durchschnitt
an den einzelnen Wochentagen**

Sonntag	8532
Montag	10243
Dienstag	10730
Mittwoch	10515
Donnerstag	10476
Freitag	10514
Samstag	8799

Nur eines von 20 Babys kommt an dem vom Kinderarzt vorherbestimmten Termin zur Welt.

Im Wonnemonat Mai

Babys, die im Mai zur Welt kommen, wiegen im Durchschnitt 170 Gramm mehr als Babys, die in irgendeinem anderen Monat geboren werden.

Vollmondbabies

Mehr Babys werden bei Vollmond geboren als zu irgendeinem anderen Zeitpunkt der Mondphase.

Brünett gegen blond

Mütter mit braunem Haar bringen ihr Kind etwas schneller zur Welt als blonde Mütter. Jungen kommen etwas schneller zur Welt als Mädchen.

Blaue und braune Augen

Alle Babys werden mit blauen Augen geboren, ganz gleich, welchem Rassekreis sie angehören. Im Zuge der Entwicklung des Babys ändert sich die Pigmentierung – manchmal bereits Stunden nach der Geburt. Die meisten Menschen haben später braune Augen.

Im Gegensatz zu weit verbreiteten Vorstellungen bekommen Elternpaare mit blauen Augen nicht immer auch Kinder mit blauen Augen. Nach Angaben einer dänischen Studie lauten die Zahlen wie folgt:

	Anzahl der Kinder		
			Graubraun/
Elternteil	Blau	Braun	Blaugrau
Vater mit blauen Augen/ Mutter mit blauen Augen	625	12	7
Vater mit blauen Augen/ Mutter mit braunen Augen	317	322	9
Vater mit braunen Augen/ Mutter mit blauen Augen	25	82	–

Den Vater hören, die Mutter riechen

Ein Neugeborenes kann den Klang der Stimme des Vaters von der des Geburtshelfers unterscheiden. Das Erkennen scheint am stärksten bei den Vätern zu sein, die sich mit dem Fötus vor der Geburt »unterhalten«. Bereits 6 Tage nach der Geburt kann das Neugeborene die Mutter allein am Geruch erkennen. Wie Tests belegen, wendet sich der Säugling stets dem Geruch der Mutter zu und meidet den von Fremden.

Erinnerungen an die Geburt

Zuweilen erleben Babys die Geburt mit so großer Bewußtheit, daß die betreffende Person sich noch Jahre später unter Hypnose daran erinnern kann. Es ist durchaus möglich, so haben zumindest zwei Studien gezeigt, sich an die Umstände der Geburt zu erinnern. Im Laufe seiner Arbeit als Kinderarzt führte ein Arzt einmal gewissenhaft über alle Geburten Buch und hielt seine Aufzeichnungen 20 Jahre lang unter Verschluß. Später nahm er Kontakt zu den jungen Männern und Frauen auf, die er 20 Jahre zuvor zur Welt gebracht hatte, versetzte sie in Hypnose und befragte sie nach Einzelheiten ihrer Geburt. Ihre Erinnerungen wiesen ganz erstaunliche Übereinstimmungen mit den Angaben in der Geburtsakte auf. Daraufhin führte ein klinischer Psychologe eine ähnliche Studie durch; in ihr wird behauptet, die Testpersonen hätten sich an die Frisur der Mutter und ihren Gefühlszustand und die verwendeten chirurgischen Instrumente erinnert, ja sogar daran, worüber sich die Schwestern unterhalten haben.

Die meisten von uns haben deshalb keine Erinnerungen mehr an so weit zurückliegende Ereignisse, weil die Geburt eine Amnesie, einen Gedächtnisverlust, bewirkt. Wie man nachweisen konnte, führt Oxytokin, das weibliche Hormon, das bei Beginn der Wehen ausgeschieden wird und die Gebärmutterkontraktionen einleitet, bei Tieren zu einer Amnesie. Möglicherweise hat es die gleiche Wirkung auch beim Menschen. Offenbar läßt sich der amnesische Code einzig durch Hypnose knacken.

Die Entwicklung des Säuglings

Die wunderbare Muttermilch

Die Milch des Menschen enthält die gleiche Menge Fett, die Hälfte des Eiweißes und doppelt soviel Zucker wie Kuhmilch. Zwar sind die Wachstumsraten von Brust- und flaschengenährten Säuglingen gleich, aber die menschliche Milch hat bessere immunologische Eigenschaften. Antikörper gegen Mumps, Polio, Grippe, Kuhpocken, Salmonellen, Streptokokken, Herpes simplex und die japanische Gehirnentzündung gelangen alle mit der Muttermilch ins Immunsystem des Neugeborenen.

Liebkosungen und das Wachstum des Kleinkindes

Wenn sie nicht regelmäßig gestreichelt und im Arm gehalten werden, können Säuglinge sogar sterben. Schmusen und Liebkosen stimulieren die Atmung, die Durchblutung und das Wachstum. Babys, die liebkost werden, sind gesünder – sie wachsen schneller, schreien weniger und sind motorisch aktiver.

Das Babyhirn wird geschaukelt

Wie wissenschaftliche Studien zeigen, stimuliert Schaukeln das Kleinhirn des Säuglings – jenen Teil des Gehirns, der für die Koordination der Bewegungen zuständig ist. Mehr noch: Je mehr das Baby geschaukelt wird, desto schneller reift es heran. Gelegentliches Schaukeln fördert das Sehvermögen, den Schlaf und selbst das Wachstum.

Verschiedene Temperamente

Schwierige Kleinkinder, diejenigen, die leicht wütend oder mißgestimmt reagieren, leiden im späteren Leben stärker unter psychischen Problemen. Von den »schwierigen« Babys, die in einer Studie untersucht wurden, mußten sich 70 Prozent im Kindes- oder Heranwachsendenalter in psychiatrische Behandlung begeben, während dies nur auf 18 Prozent der »unkomplizierten« Babys zutraf. Nach Angaben einer ähnlichen Studie besteht bei einer Schwangeren, deren Ehe schlecht ist, ein 200 Prozent größeres Risiko, ein Kind mit körperlichen oder psychischen Problemen zur Welt zu bringen.

Baby-Zähne

Nur einer von 2000 Säuglingen wird mit einem Zahn geboren. Julius Caesar, Hannibal und Napoleon gehörten zu diesen Kindern.

Baby-Tränen

Chinesische Babys weinen weniger und lassen sich leichter trösten als amerikanische Kinder.

Die meisten Neugeborenen weinen bis ins Alter zwischen 3 und 6 Wochen ohne Tränenfluß.

Unterernährte Säuglinge und Babys mit Hirnschäden schreien eine Oktave höher als gut genährte und gesunde Babys.

Kräftige Kerle und Winzlinge

Annähernd 95 Prozent aller Neugeborenen bringen zwischen 5 und 9 Pfund auf die Waage. Im Durchschnitt wiegt ein Junge der kaukasischen Rasse, der in den Vereinigten Staaten zur Welt kommt, 6,7 Pfund; das Mädchen ist durchschnittlich 6,6 Pfund schwer. Nicht-weiße Babys wiegen etwas weniger.

Der schwerste Säugling aller Zeiten wog bei der Geburt 26 Pfund. Der leichteste Säugling, der überlebte, wog genau 280 Gramm; er war viel zu früh zur Welt gekommen und wurde mit einem Füllfederhalter ernährt.

Väter, die trinken, kriegen mehr Mädchen

Väter, die in großen Mengen Alkohol trinken, zeugen zehnmal häufiger Mädchen als Jungen, da der Alkohol den für die Zeugung eines Jungen erforderlichen Testosteronspiegel senkt.

Zwillinge, Drillinge und Fünfzehnlinge

Eine ältere Frau bekommt eher Zwillinge und Drillinge (ältere Frauen produzieren mehr als ein Ei im Monat). Doch die Aussichten auf eine Befruchtung sinken. 30 Prozent der Frauen zwischen 35 und 39 Jahren können nicht mehr empfangen. Bezeichnenderweise kommt es aber bei Frauen dieser Altersgruppe am häufigsten zu Mehrfachgeburten. Am 22. Juli 1971 holte ein Arzt 15 Föten – 10 Mädchen, 5 Jungen – aus dem Bauch einer 35 Jahre alten Hausfrau, die ein Fruchtbarkeitsmedikament eingenommen hatte – ein absoluter Rekord. Hierbei handelt es sich um den einzigen bekannten Fall von »Fünfzehnlingen«.

In den Vereinigten Staaten bekommen Angehörige der asiatischen Rasse die meisten Zwillinge, die Rate beträgt einmal Zwillinge pro 40 Geburten. Weiße bekommen am seltensten Zwillinge, das Verhältnis ist 1 pro 100 Geburten. Schwarze liegen in der Mitte, bei 1 zu 77.

In den letzten 10 Jahren ist die Zahl von Zwillingsgeburten aufgrund mehrerer Faktoren angestiegen. Zum einen bekommen viele Frauen später im Leben Kinder; andererseits sind die Einnahme von Medikamenten zur Erhöhung der Fruchtbarkeit sowie die Zahlen künstlicher Befruchtungen außerhalb des Mutterleibs spürbar angestiegen.

1986 wurden in den Vereinigten Staaten 79 500 Zwillinge geboren, das heißt 21,6 pro 1000 Kinder. Im Jahr 1980 kamen hier 68 340 Zwillinge zur Welt, was einem Verhältnis von 19,3 pro 1000 Geburten entspricht. Drillinge entstehen hingegen im Verhältnis von 1 pro 7744 Schwangerschaften und Vierlinge im Verhältnis 1 pro 681 472 Schwangerschaften.

Auf der Suche nach dem verlorenen Zwilling

So mancher »Single« ist in Wirklichkeit ein Zwilling, der überlebt hat. Bei einem kleinen Prozentsatz eindeutig diagnostizierter Zwillings-Schwangerschaften reift nur der eine Embryo heran und wird auch geboren, während der andere vom mütterlichen Körper resorbiert wird.

Unser Lebensalter

Die Tage in unserem Leben

Die Lebenserwartung des Menschen beträgt nach allgemeiner Auffassung höchstens 110 Jahre. Einige Menschen haben dieses Alter nach eigenen Angaben überschritten, doch nur wenige besaßen noch die erforderlichen Unterlagen, um ihr richtiges Geburtsdatum nachweisen zu können. Eine Ausnahme muß allerdings gemacht werden, und zwar bei Shigechiyo Izumi, einem Japaner, der unbestreitbar am 29. Juni 1865 zur Welt kam. Japans erste Volkszählung im Jahre 1871 führte Izumi als Sechsjährigen auf. Mit 119 Jahren führte der älteste Mensch der Welt sein hohes Alter darauf zurück, er habe in seinem Leben alles »Gott, der Sonne und Buddha« überlassen. Izumi starb im Jahre 1986 im biblischen Alter von 120 Jahren.

Die untenstehende Tabelle führt das maximale Lebensalter des Menschen im Vergleich zu anderen Lebewesen auf:

Lebewesen	Maximale Lebenserwartung (in Jahren)
Grannenkiefer	4600 +
Venusmuschel	150
Schildkröte	138
Mensch	120
Blauwal	95
Indischer Elefant	78
Kondor	72
Orang-Utan	59
Flußpferd	51
Strauß	50
Pferd	46
Gorilla	39
Katze	34

Maus	8
Regenwurm	6
Stubenfliege	76 Tage

Die untenstehende Tabelle zeigt die durchschnittliche Lebensdauer des Menschen in vergangenen Zeiten:

Zeitraum	Lebensdauer (in Jahren)
Neandertaler-Zeit	18–29 (verschiedene Schätzungen)
Mittelsteinzeit (Mesolithikum)	22
Griechenland (400 v. Chr.)	30
Rom 600 n. Chr.	30
England (1250)	35
Vereinigte Staaten (1750)	36
England (1850)	40
England (1940)	60
England (1961)	71
Vereinigte Staaten (1980)	73,8
Vereinigte Staaten (1988)	74,7

Faktoren der Langlebigkeit

Alter

Unsere Lebenserwartung steigt mit zunehmendem Alter. Eine 60 Jahre alte Amerikanerin kann damit rechnen, 82½ Jahre alt zu werden. Erreicht sie das Alter von 85 Jahren, steigt ihre Lebenserwartung auf 91 Jahre. Beim Mann ist die Steigerungsrate etwas geringer.

Rasse

In Amerika leben Weiße im allgemeinen länger als Schwarze. Dies Zahlenverhältnis kehrt sich jedoch um, wenn eine Weiße und eine Schwarze sehr alt werden: Fast immer überlebt die über 70jährige schwarze Frau ihre weiße Mitbürgerin.

Körpergröße

Kleinwüchsige Menschen überleben im Normalfall ihre größeren Altersgenossen um bis zu 10 Prozent.

Blutgruppe

Männer mit der Blutgruppe O leben länger als Männer mit der Blutgruppe B; für Frauen gilt das Gegenteil.

Die Niederkunft

Alleinstehende Frauen haben die höchste Lebenserwartung unter allen diesen Gruppen. Frauen, die Kinder geboren haben, leben länger und erleiden wesentlich seltener einen Herzinfarkt als Frauen, die kinderlos bleiben.

Körperliche Bewegung

Jede Treppenstufe, die Sie steigen, verlängert Untersuchungen der John Hopkins-Universität zufolge Ihr Leben um 4 Sekunden.

Beruf

In den meisten modernen Gesellschaften leben Nonnen am längsten; es folgen die Mormonen und die Siebenten-Tags-Adventisten. Alle diese Bevölkerungsgruppen meiden Alkohol und Tabak. Dichtauf folgen die akademischen Berufe – Ärzte, Rechtsanwälte und so weiter. Im Gegensatz zum landläufigen Verständnis leiden ungelernte Arbeiter von allen Arbeitern unter dem höchsten Grad körperlicher und seelischer Belastung. Sie haben auch die kürzeste Lebenserwartung. Unverheiratete und ungelernte Arbeiter haben im Normalfall die kürzeste Lebenserwartung von allen Bevölkerungsgruppen.

Die folgende Übersicht über das zu erwartende Lebensalter in den Vereinigten Staaten unterteilt die Bevölkerungsgruppen noch weiter.

Wer lebt am längsten?

1. Nonnen von mittelgroßem oder kleinem Wuchs
2. Nonnen von größerem Wuchs
3. Mormonen und Siebenten-Tags-Adventisten von mittlerem oder kleinem Wuchs
4. Mormonen und Siebenten-Tags-Adventisten von größerem Wuchs
5. Kleine oder kleinwüchsige Frauen
6. Akademiker (Ärzte, Rechtsanwälte usw.)
7. Berufstätige mit qualifizierter Ausbildung (Berufstätige in Positionen als leitende Angestellte und vergleichbaren Leitungsfunktionen sowie andere Berufe, die mit einem hohen Ansehen und der Beaufsichtigung der Mitarbeiter und der eigentlichen Arbeit verbunden sind)
8. Kleinwüchsige ungelernte Arbeiter, verheiratet
9. Große ungelernte Arbeiter, verheiratet
10. Ungelernte Arbeiter, ledig
11. Ungelernte Arbeiter, geschieden
12. Große ungelernte Arbeiter, alkoholkrank, geschieden

Singen als Beruf

Das Singen trainiert die bei der Atmung benutzten Muskeln und steigert dadurch das Lungenvolumen. Eine Studie des National Instituts on Aging ergab, daß Sänger/innen mit einer Ausbildung, zumal Opersänger/innen, die gesündesten Lungen in den USA haben und die übrige Bevölkerung um bis zu 20 Jahre überleben.

Umwelt

Frauen leben in fast jedem Land der Erde länger als Männer. In Japan – dem »gesündesten« Land der Welt – dürfen Frauen im Mittel damit rechnen, 80 ½ Jahre alt zu werden, während ihre Landsmänner über 5 ½ Jahre früher sterben. Umgekehrt sterben Frauen in Indien oft im Alter von 52 Jahren; indische Männer leben nur 4 Monate länger.

Obgleich die Lebenserwartung auf der ganzen Welt 60 Jahre beträgt, existieren doch von Land zu Land große Unterschiede, wie die untenstehende Tabelle illustriert:

Lebenserwartung der Männer		Lebenserwartung der Frauen	
Japan	74,8	Japan	80,5
Schweden	73,8	Schweiz	80,0
Schweiz	73,5	Schweden	79,7
Israel	73,1	Niederlande	79,7
Niederlande	72,9	Norwegen	79,5
Norwegen	72,8	Frankreich	79,2
Spanien	72,6	Kanada	79,0
Australien	72,3	Australien	78,8
Zypern	72,3	Spanien	78,6
Griechenland	72,2	Finnland	78,5
Kanada	71,9	Vereinigte Staaten	78,2
England	71,8	BRD	77,8
Dänemark	71,6	Italien	77,8
Vereinigte Staaten	71,2	England	77,7

Die kürzeste Lebenserwartung ist in den folgenden Ländern zu verzeichnen:

Männer (in Jahren)		Frauen (in Jahren)	
Equador	59,5	Equador	61,8
Pakistan	59,0	Peru	60,5
Peru	56,8	Ägypten	59,5
Ägypten	56,8	Guatemala	59,4
Iran	55,8	Pakistan	59,2
Guatemala	55,1	Südafrika	55,2
Bangladesch	54,9	Iran	55,0
Indien	52,5	Kenia	54,7
Südafrika	51,8	Bangladesch	54,7
Kenia	51,2	Indien	52,1

Zwischen 1965 und 1980 sank die Lebenserwartung in der UdSSR von 66,2 auf 61,9 Jahren bei Männern und von 74,1 auf 73,5 Jahren bei Frauen. Wie das Amt für Volkszählung der USA berichtet, liegt die Todesrate nach Alkoholvergiftung in der UdSSR inzwischen achtundachtzigmal höher als in den Vereinigten Staaten.

Die Macht der Ärzte

Nach zumindest drei unabhängig voneinander erstellten Untersuchungen nimmt die Sterblichkeitsrate stets dann ab, wenn Ärzte in den Streik treten. Als zum Beispiel im Jahre 1976 die Ärzteschaft in Los Angeles streikte, um gegen die Einführung einer Kunstfehler-Versicherung zu protestieren, wurde während des Streiks ein achtzehnprozentiger Rückgang der Sterblichkeitsrate verzeichnet. Im selben Jahr weigerten sich Ärzte in Bogota, Kolumbien, andere als die dringlichsten Fälle zu behandeln; die Sterblichkeitsrate sank dramatisch um 35 Prozent. Als 1973 israelische Ärzte einmal den Kontakt zu den Patienten einschränkten, kam es zu 50 Prozent weniger Sterbefällen.

Die meisten Behörden führen diese Erscheinung in erster Linie auf nicht erforderliche chirurgische Eingriffe zurück. Von ebenso großer Bedeutung ist möglicherweise das Phänomen, das Ärzte nosokomiale Krankheiten oder Hospitalismus nennen Während sie wegen einer Erkrankung behandelt werden, erkranken in den Vereinigten Staaten über 1 Million Menschen an einer zusätzlichen Krankheit, die das Krankenhausmilieu selbst verursacht hat; von ihnen erliegen 15 000 diesen vom Krankenhaus hervorgerufenen Krankheiten. Durch Nachlässigkeit der Ärzte kommen nach Angaben der Public Citizen Health Research Group jährlich über 100 000 Patienten ums Leben oder erleiden Verletzungen.

Wie wir unser Leben verbringen

- 24 ½ Jahre mit Schlafen
- 13 ½ Jahre bei der Arbeit und in der Schule
- 12 Jahre mit Fernsehen
- 4 ½ Jahre mit sozialen Kontakten
- 3 Jahre mit Lesen
- 3 Jahre mit Essen
- 1 ¾ Jahre mit Baden und Körperpflege
- 1 Jahr am Telefon

- 9 ½ Monate auf Toilette
- 5 Monate mit Sex
- 9 ½ Jahre mit diversen Beschäftigungen: Hausarbeit, Einkaufen, Anstehen, Spazierengehen, Autofahren, Ausgehen, Nichtstun.

Die meisten Menschen laufen in ihrem Leben 115 000 Kilometer, das heißt, viereinhalbmal um die Erde. Der Durchschnittsamerikaner ist 50 Jahre lang im Besitz eines Führerscheins und fährt im Leben 900 000 Kilometer, eine Strecke, die ausreicht, vierundzwanzigmal die Erde zu umkreisen.

Alles über das Altern

Der unglaublich schrumpfende Mensch

Nachdem wir 30 Jahre alt geworden sind, wird die schwächer gewordene Rücken- und Bauchmuskulatur von der Schwerkraft überwältigt: Sie drückt die Bandscheiben zwischen den Rückenwirbeln zusammen, und dadurch werden wir kleiner. Wie stark wir im Laufe der Jahre schrumpfen, hängt davon ab, wie gut wir uns in Form halten. Hier einige bedenkenswerte Durchschnittszahlen, die zeigen, daß wir in der Tat schrumpfen.

Männer		Frauen	
Alter	Größe	Alter	Größe
30	178 cm	30	163 cm
40	177 cm	40	162 cm
50	176,85 cm	50	160,7 cm
60	175,9 cm	60	159,4 cm
70	175 cm	70	158,1 cm

Leben auf der Kriechspur

Nach dem 19. Lebensjahr nimmt unser Gehtempo alle 10 Jahre um 1 bis 2 Prozent ab. Nach dem 63. Lebensjahr geht eine Frau alle 10 Jahre um 12,3 Prozent langsamer, während ein Mann um 16,1 Prozent seine Geschwindigkeit herunterschaltet. Meistens sind für diese Verlangsamung Arthritis und Herz-Kreislaufbeschwerden verantwortlich.

Das alternde Herz

Mit zunehmendem Alter sinkt die Pumpleistung des Herzens. Über Jahre hinweg hielt man diese nachlassende Pumpkraft für eine natürliche Folge des Alterungsprozesses. Wie neuere Untersuchungen jedoch zeigen, verliert das Herz von Menschen, die in bester körperlicher Verfassung bleiben, möglicherweise überhaupt keine Pumpkraft – auch nicht mit 70 Jahren. Beim Durchschnittsamerikaner, der einer sitzenden Beschäftigung nachgeht, kommt es allerdings schon im Alter von 30 Jahren zu einem Nachlassen der Pumpkraft.

Gepumpte Kubikzentimeter Blut pro Minute		Höchste Herzfrequenz pro Minute
Alter	(Herz im Ruhezustand)	(bei körp. Betätigung)
30	3,4 l	200
40	3,2 l	182
50	3,0 l	171
60	2,75 l	159
70	2,5 l	150

Lungenvolumen

Bei Männern nimmt das Lungenvolumen um jährlich 1 Prozent ab. Zwischen dem 30. und dem 75. Lebensjahr verringert sich die Luftmenge, die von der Lunge aufgenommen und ausgestoßen werden kann, um 45 Prozent. Die Sauerstoffmenge, die dabei ins Blut gelangt, nimmt dagegen um rund 50 Prozent ab. Nach Auffassung vieler Ärzte ließen sich diese

Werte hinauszögern oder sogar umkehren, wenn man die Muskeln des Brustkorbes und des Zwerchfells kräftigte.

Knochenabbau

Unsere Knochen werden mit jedem Jahrzehnt dünner und brüchiger, dies gilt vor allem für die Frau. Über 25 Prozent der älteren Frauen ziehen sich Knochenbrüche aufgrund von Osteoporose zu, also dem Schwund von Knochen infolge von Kalziumverlust. Bei Frauen über 50 ist die Wahrscheinlichkeit, sich die Hüfte zu brechen, doppelt so groß wie bei Männern, Handgelenksbrüche kommen zehnmal häufiger als bei Männern vor.

Die Reserven der Niere

Von allen lebenswichtigen inneren Organen weisen die Nieren im Alter den größten Verfall auf: Ihre Fähigkeit, Abbauprodukte aus dem Blut zu filtern, ist mit 80 Jahren um 50 Prozent reduziert. Der Mensch verfügt aber über die vierfache Menge an Nierengewebe, die zur Aufrechterhaltung der normalen Nierenfunktion erforderlich ist. Selbst bei einem Funktionsverlust von 60 Prozent können die Nieren ihre Arbeit noch angemessen verrichten.

Einschränkungen des Hörbereichs

Bereits im Kindesalter nimmt beim Menschen die Fähigkeit ab, Töne im hohen Frequenzbereich wahrzunehmen. Dieses Nachlassen bleibt allerdings bis über die Lebensmitte hinaus unbemerkt. Im Alter von 65 Jahren hören nur noch wenige Menschen Töne von 10 000 Hertz oder höher. Ausgestattet mit einem derart begrenzten Hörbereich läßt sich nur schwer eine Stimme am Telefon erkennen oder verstehen, was Kinder sagen. 25 Prozent der über Fünfundsechzigjährigen haben diese Probleme hinsichtlich des Hörens. Oft läßt sich das Nachlassen des Hörvermögens jedoch verhindern oder hinauszögern, indem man lauten Geräuschen aus dem Weg geht.

Ein Blick in die Zukunft

Die Augenlinsen werden im Laufe unseres Lebens kontinuierlich härter und dicker und rufen dadurch ein Nachlassen der Sehschärfe hervor. Mit 40 Jahren haben viele Menschen Schwierigkeiten, nahe Gegenstände scharf zu erkennen. Im Alter von 50 Jahren läßt unsere Sehkraft noch schneller nach. Schärfentiefe – wie auch die periphere und die Nachtsehkraft – verschlechtern sich. Im Alter zwischen 60 und 70 werden infolge einer Eintrübung der Linsen die kürzeren Lichtwellen herausgefiltert, wodurch die Unterscheidung zwischen den Farbtönen Blau und Grün erschwert wird. Ebenso schwierig wird die Unterscheidung der Farben Schwarz, Grau und Dunkelbraun. Zwischen 70 und 80 Jahren brauchen die Augen dreimal solange, sich auf Dunkelheit einzustellen, wie mit 25 Jahren.

Mit 75 Jahren hat nur einer von 7 Menschen eine Sehkraft von 20/20, und zwar auch dann, wenn er eine Brille trägt.

Haarsträubende Erfahrungen

Das Dünnerwerden und Ergrauen des Haars wird, so nimmt man an, durch eine Kombination von hormoneller Aktivität und geringerer Durchblutung der Kopfhaut verursacht. Einigen Männern kann es durchaus passieren, daß ihr Haar bereits mit 20 Jahren dünner wird oder gar auszufallen beginnt. Die Haardicke wird beim Mann in Mikron gemessen.

Alter	Mikron
20	101
30	98
40	96
50	94
60	86
70	80

Die Haut

Die Kollagenfasern der Haut zerfallen und verlieren im Alter zunehmend an Elastizität. Je mehr Kollagene zerfallen, desto wahrscheinlicher ist es, daß man noch mehr Falten und Runzeln bekommt. Bekanntermaßen beschleunigen Sonne, Alkohol, Zigaretten, Schlaflosigkeit und Stirnrunzeln die Faltenbildung der Haut. Schätzungsweise müssen wir 200000mal die Stirn krausen, damit eine bleibende Falte entsteht.

Die wachsende Nase

Die Knorpel der Nase wachsen im Laufe unseres Lebens weiter. Zwischen dem 30. und dem 70. Lebensjahr wächst die Nase um etwa 1 ½ Zentimeter. (Auch die Ohrläppchen wachsen um ½ Zentimeter.)

Geschmack und Geruch

Wenn Ihnen das Steak nicht mehr so gut schmeckt wie früher, dann sollten Sie Ihren Geschmacksknospen die Schuld dafür geben. Im Alter von 60 Jahren haben die meisten Menschen 50 Prozent ihrer Geschmacksknospen und 40 Prozent ihres Riechvermögens verloren. Indem man Alkohol, Tabak und extrem heiße Mahlzeiten meidet, kann dieser Verlust an Geschmacksknospen aufgehalten werden.

Zähne und Gaumen

Parodontose bewirkt bei den meisten Menschen im Alter von 60 Jahren das Ausfallen der Zähne. Dies hängt aber weniger mit dem Älterwerden zusammen, sondern mit einer mangelhaften Zahnhygiene. Zudem kann man diesem Prozeß leicht vorbeugen. Vor 100 Jahren hatten 75 Prozent aller Frauen über 50 keine Zähne mehr. Heutzutage hat eine Siebzigjährige im Durchschnitt nur 10 Zähne verloren.

Sexualität

Die meisten älteren Paare haben auch noch mit 60 Jahren Spaß am Sex. Ein Jugendlicher kann die Erektion eine Stunde und länger aufrechterhalten; im Alter nimmt die Dauer ab, sie beträgt dann nur noch 7 Minuten. Junge Frauen benötigen nur eine eine halbe Minute während sexuelle Stimulation bis zum Beginn der Lubrikation, während diese Reaktion bei Frauen über 60 bis zu 3 Minuten dauert.

Im allgemeinen nimmt das Interesse am Sex nach der Lebensmitte allmählich ab. Den Höhepunkt des Sexualverlangens erreicht der Mann im Alter von 20 Jahren, mit 70 läßt das Interesse an der Sexualität stark nach. Frauen erreichen den Höhepunkt mit 28 Jahren, und ihr Interesse am Sex nimmt mit 45 Jahren allmählich ab.

Schlaf

Kinder und Jugendliche haben von allen Altersgruppen den tiefsten Schlaf. Männer bekommen die ersten Schlafstörungen mit Anfang 20. Frauen erleben die ersten Schwierigkeiten nach der Menopause. Es ist dann nichts Besonderes mehr, ein-, zweimal in der Nacht aufzuwachen. Nach Ansicht zahlreicher Ärzte fällt es uns aufgrund von Veränderungen unserer inneren Uhren immer schwerer, im Alter ungestört durchschlafen zu können. Auch schwer lokalisierbare körperliche Beschwerden können die alten Menschen länger wachhalten. Jedenfalls nimmt die Schlafdauer (wie unten zu sehen) mit jedem Lebensjahrzehnt ab:

Alter	Stunden
25	8
40	7½
50	6
60	5½

Kommt, ihr Erinnerungen

Viele ältere Menschen können sich ohne Mühe an weit zurückliegende Vorfälle ihrer Kindheit erinnern, doch vergessen sie, was es einige Stunden vorher zum Mittagessen gab. Das ist nicht nur normal, sondern in allen Altersgruppen weit verbreitet. Im Gegensatz zur herrschenden Meinung leiden jedoch nur wenige alte Menschen unter starkem Gedächtnisverlust, wohingegen ihr Erinnerungsvermögen, was die Dinge des Alltags betrifft, stark beeinträchtigt ist. Tatsächlich leiden 15 Prozent der über Fünfundsechzigjährigen unter Desorientiertheit und der Verwirrtheit, was unter dem Namen »senile Demenz« bekannt ist. Dies untermauern auch Statistiken, die zeigen, wieviele Wörter sich ein junger und wieviele ein alter Mensch sich merken kann.

Alter	Zahl der erinnerten Wörter
20	14 von 25
30	13 von 24
40	11 von 24
50	10 von 24
60	9 von 24
70	7 von 24

Gute Nachrichten über das Alter

Geistige Rüstigkeit

Einige geistige Faktoren bessern sich sogar im hohen Alter. Alkoholmißbrauch, Affektstörungen und antisoziale Verhaltensweisen treten doppelt so häufig auf bei den unter Fünfundvierzigjährigen wie unter den älteren Menschen.

Leiden und Wehwehchen

Jugendliche sind anfälliger für Erkältungskrankheiten als die über Fünfzigjährigen. Zwar sind ältere Menschen aufgrund ihres reduzierten Blutkreislaufs und Veränderungen im Fettgewebe kälteempfindlicher, und sie neigen auch stärker zu Arthritis-verwandten Schmerzen, doch junge Menschen klagen häufiger über diffuse Schmerzzustände. In der Altersgruppe der Achtzehn- bis Vierundzwanzigjährigen leiden 35 Prozent stärker unter Kopfschmerzen, 31 Prozent stärker unter Magenschmerzen, 22 Prozent stärker unter Zahnschmerzen, 20 Prozent stärker unter Muskelschmerzen und 14 Prozent stärker unter Rückenschmerzen als die über Fünfundsechzigjährigen.

Unser Sterben

Vom Umgang mit dem Tod

Fakten über den Tod

Mit zunehmendem Alter läßt unsere Angst vor dem Sterben nach. Im Alter zwischen 45 und 54 Jahren haben Menschen am meisten Angst vor dem Tod, am wenigsten Angst haben die 65- bis 74jährigen. Die Mehrzahl der Bürger der Vereinigten Staaten stirbt nicht zu Hause. 80 Prozent aller Menschen sterben im Krankenhaus. 70 Prozent der Amerikaner, die jedes Jahr sterben, sind über 65, 5 Prozent der Verstorbenen unter 15 Jahre alt.

Einäscherung

Die Japaner äschern 93 Prozent ihrer Toten ein; in Großbritannien beträgt die Zahl 67 Prozent, in den Vereinigten Staaten 12,5 Prozent. Die Anzahl der Einäscherungen wird überwiegend von den Kosten und den verfügbaren Friedhofsplätzen bestimmt.

Der Tod hat viele Gesichter

Nach einem aus dem Jahr 1985 stammenden amerikanischen Gesundheitsreport sind 50 Prozent aller Sterbefälle und Krankheiten entweder unnötig oder erfolgen vorzeitig. In seinen Studien über die vorherrschenden Todes- und Krankheitsursachen in den Vereinigten Staaten kam das Carter Center der Emory-University zu dem Schluß, daß eine gesunde Lebensweise doppelt so wirksam das Lebensalter verlängert wie alle Maßnahmen der modernen Medizin.

Die Ursache Nummer 1 für einen frühzeitigen Tod ist

das Zigarettenrauchen, auf das jährlich 360 000 Todesfälle zurückzuführen sind. Zur Mehrzahl der Todesfälle kommt es in Form von Herzinfarkten, Krebs und chronischen Lungenerkrankungen. Der »tödlichste« krebserregende Stoff ist Tabak. Zigarettenrauch enthält schätzungsweise 6000 chemische Substanzen, von denen viele hochgiftig sind.

Alkohol nimmt als Faktor, der zum Tod führt, Platz 2 ein. In den Vereinigten Staaten kommt es jährlich zu 75 000 mit Alkohol verbundenen Todesfällen, in der UdSSR liegt die Zahl noch höher. Von den jährlichen Sterbefällen in den USA sind 20 000 auf Krankheiten zurückzuführen; 24 000 Menschen kommen durch Verkehrsunfälle ums Leben; und weitere 32 000 Todesfälle schließlich gehen auf Stürze, Brände, Ertrinken, Mord und Selbstmord zurück.

Cholesterin und vorzeitiger Tod

Man nimmt an, daß bei 80 Prozent aller Männer im mittleren Alter ein hohes Risiko besteht, aufgrund eines übermäßig hohen Cholesterin-Spiegels vorzeitig an einer Erkrankung des Herzens zu sterben. Die Möglichkeit, an einer Herzerkrankung zu sterben, steigt mit der im Blut vorhandenen Cholesterinmenge. Für einen Menschen, dessen Wert zwischen 182 und 202 Milligramm Cholesterin pro 100 Deziliter Blut beträgt, liegt das erhöhte Risiko zu sterben bei 29 Prozent; zwischen 203 und 220 beträgt das Risiko 73 Prozent. Und bei einem Wert zwischen 221 und 244 schnellt es auf 121 Prozent empor. Im Jahr 1986 betrug der durchschnittliche Cholesteringehalt im Blut bei amerikanischen Männern und Frauen 215.

Nach einer Studie des National Heart, Lung and Blood Institute führt jede Abnahme des Cholesteringehaltes um 1 Prozent zu einer zweiprozentigen Abnahme der Wahrscheinlichkeit, einen Herzinfarkt zu erleiden. Sinkt der Cholesteringehalt unter einen Wert von 150, kommt es nur höchst selten zu einem Herzinfarkt.

Die Mörder sind unter uns

Arteriosklerose, die Verkalkung der Gefäße, fordert weltweit mehr Menschenleben als irgendeine andere Krankheit. Neben anderen Herzkrankheiten sterben an ihr in den Vereinigten Staaten jährlich 1 Million Menschen.

Weltweit sind 100 verschiedene Krebsarten bekannt. Der Krebs fordert dagegen nicht so viele Menschenleben, er ist auch nicht so verbreitet wie die Vielzahl der Herzkrankheiten. Lediglich eine Bevölkerungsgruppe kennt überhaupt keine Arteriosklerose: die Hunza im Nordwesten Kaschmirs – ein für das hohe Lebensalter seiner Angehörigen bekanntes Volk.

Der Schlaganfall – die Folge der Verkalkung einer Gehirnarterie – nimmt zwar weltweit in der Skala der Todesursachen einen hohen Rang ein, jedoch ist in den letzten Jahren die Sterblichkeitsrate aufgrund von Verbesserungen in der medizinischen Versorgung um 32 Prozent gesunken.

Unterdessen sind die Zahlen der Malaria, eine zumal in den Entwicklungsländern gefürchtete Todesursache, weltweit erneut in einem dramatischen Maß angestiegen. Früher galt die Krankheit als im Aussterben begriffen, doch inzwischen sind aufgrund neuer, resistenter Arten auch hohe Chinin-Dosen für den Reisenden praktisch wirkungslos. Nach Angaben der Weltgesundheitsorganisation hat sich das Vorkommen der Malaria in den letzten 10 Jahren mehr als vervierfacht. 1981 verzeichnete man 151 Millionen neue Fälle von Malaria. Eine als Plasmodium falciparum bekannte Form der tropischen Malaria führt bei 40 Prozent der Erkrankten, die nicht behandelt werden, zum Tode. Diese Form der Malaria ist auch für den Tod von jährlich 1 Million afrikanischen Kindern verantwortlich.

Selbstmord

Weltweit begehen täglich mehr als 1000 Menschen Selbstmord.

Land	Anzahl der Selbstmorde bei Männern	Anzahl der Selbstmorde bei Frauen
Australien	1 199	408
Chile	460	80
Frankreich	7 362	3 044
Bundesrepublik Deutschland	8 743	4 636
Hongkong	303	216
Ungarn	3 293	1 587
Japan	12 708	7 388
Kuwait	7	3
Niederlande	865	566
Schweden	1 137	473
Thailand	1 803	1 655
Großbritannien (England und Wales)	2 761	1 658
Schottland	364	197
Vereinigte Staaten	20 256	6 950

Die Zahlen gelten für die Jahre 1980 und 1981.

Auf jeden Selbstmord entfallen etwa 15 Selbstmordversuche. In Ungarn beging 1981 einer von 1575 Menschen Selbstmord – das ist die höchste Selbstmordrate der Welt. In Kuwait nahmen sich 1981 weniger als 1 von 100 000 Menschen das Leben.

Tod durch Unfall

Durch Verletzungen hingegen sterben mehr Menschen im Alter zwischen 5 und 44 Jahren als an allen anderen Todesursachen zusammengenommen. Die 8 führenden Todesursachen infolge von Verletzungen waren in den Vereinigten Staaten im Jahre 1986: Verkehrsunfälle (47 900), Stürze (11 000), Ertrinken (5600), Brände (4800), Ersticken an Nahrungsmitteln (3600), Schußwechsel (1800), Vergiftungen (4800) und Gasvergiftungen (900).

In den Vereinigten Staaten werden jährlich etwa 18 000 Menschen ermordet.

Die Hepatitis-Krebs-Verbindung

Auf der ganzen Welt leben schätzungsweise 200 Millionen Träger des Hepatitis-B-Virus, die größte Zahl davon lebt in den Ländern der Dritten Welt. Von diesen sterben 50 Millionen an Leberkrebs. Das Virus wird weltweit somit nur vom Tabak als Krebs-Todesursache übertroffen.

Wie lange leben wir?

Die folgende Befragung zur Lebenserwartung ist ein typisches Beispiel für die Fragebögen, wie sie heute überall von Ärzten und Versicherungsgesellschaften in den USA und in der westlichen Welt verwandt werden. Da eine Vielzahl von Faktoren bei der Errechnung des Lebensalters eine Rolle spielt, können solche Fragebögen natürlich keine Aufschlüsse mit hundertprozentiger Sicherheit geben. Wie läßt sich zum Beispiel die Stärke des menschlichen Immunsystems messen?

Ein sehr geringer Prozentsatz von Zigarettenrauchern wird beispielsweise zwischen 80 und 90 Jahre alt, während ein Nichtraucher mitunter schon mit 35 Jahren an Lungenkrebs stirbt. Es gibt zwar Ausnahmen zu jeder Regel – doch nehmen Sie diese Umfrage nicht auf die leichte Schulter. Es kann durchaus sein, daß Ihr zu erwartendes Lebensalter dem errechneten Ergebnis ziemlich nahe kommt.

■ **Beginnen Sie mit der Zahl 74**
Sind Sie männlichen Geschlechts, ziehen Sie 2 ab.
Sind Sie weiblichen Geschlechts, zählen Sie 4 hinzu.
Leben Sie in einer städtischen Region mit über 2 Millionen Einwohnern, ziehen Sie 2 ab.
Leben Sie in einer ländlichen Region mit weniger als 10000 Einwohnern, zählen Sie 2 hinzu.
Wurde einer der Großeltern älter als 85, rechnen Sie 2 hinzu.
Wurden alle 4 Großeltern über 80, rechnen Sie 6 hinzu.
Starb ein Elternteil vor dem Erreichen des 50. Lebensjahres an einem Schlaganfall oder Herzinfarkt, ziehen Sie 4 ab.
Hat – oder hatte – ein naher Verwandter (Eltern, Geschwister) unter 50 Jahren Krebs oder ein Herzleiden oder seit der Kindheit Zucker, ziehen Sie 3 ab.
Verdienen Sie mehr als 50000 Dollar pro Jahr, ziehen Sie 2 ab.
Haben Sie einen Collegeabschluß, rechnen Sie 1 hinzu.
Haben Sie einen Universitätsabschluß, rechnen Sie zusätzlich 2 hinzu.
Leben Sie mit einem Ehepartner oder einem/er Freund/in zusammen, rechnen Sie 5 hinzu. Wenn nicht, ziehen Sie 1 ab für alle 10 Jahre, die Sie seit dem 25. Lebensjahr allein leben.
Arbeiten Sie am Schreibtisch, ziehen Sie 3 ab.
Üben Sie einen körperlich anstrengenden Beruf aus, rechnen Sie 2 hinzu.
Treiben Sie drei- bis fünfmal pro Woche wenigstens 30 Minuten lang Sport, rechnen Sie 4 hinzu.

Treiben Sie zweimal pro Woche Sport, rechnen Sie 2 hinzu.
Schlafen Sie nachts länger als 10 Stunden, ziehen Sie 4 ab.
Sind Sie oft aggressiv, nervös und angespannt oder ärgern Sie sich leicht, ziehen Sie 3 ab.
Sind Sie meist entspannt und gelassen, rechnen Sie 3 hinzu.
Sind Sie meist im allgemeinen guter Dinge, rechnen Sie 1 hinzu.
Sind Sie im allgemeinen die meiste Zeit unglücklich, ziehen Sie 2 ab.
Rauchen Sie 20 Zigaretten pro Tag, ziehen Sie 7 ab.
Rauchen Sie 40 Zigaretten pro Tag, ziehen Sie 8 ab.
Rauchen Sie 10 Zigaretten am Tag, ziehen Sie 3 ab.
Nehmen Sie mehr als 45 g reinen Alkohol am Tag zu sich, ziehen Sie 1 ab.
Haben Sie zwischen 10–30 Pfund Übergewicht, ziehen Sie 2 ab.
Haben Sie zwischen 30–50 Pfund Übergewicht, ziehen Sie 4 ab.
Haben Sie 50 Pfund oder mehr Übergewicht, ziehen Sie 8 ab.
Unterziehen Sie sich jedes Jahr einer Vorsorgeuntersuchung, rechnen Sie 2 hinzu.
Sind Sie zwischen 30 und 40 Jahre alt, rechnen Sie 2 hinzu.
Sind Sie zwischen 40 und 50 Jahre alt, rechnen Sie 3 hinzu.
Sind Sie zwischen 50 und 70 Jahre alt, rechnen Sie 4 hinzu.
Sind Sie über 70 Jahre alt, rechnen Sie 5 hinzu.

■ **Fügen Sie ein »Plus«-Zeichen zu Ihrem prognostizierten Lebensalter, wenn einer der folgenden Punkte auf Sie zutrifft**
Blutdruck unter 130/75.
Cholesterin unter 200.
Ruhepuls unter 60 Schlägen pro Minute.
Keine Atemwegsbeschwerden oder Asthma.
Keine Vorgeschichte einer chronischen Erkrankung.
Sie leben derzeit mit einem Haustier unter einem Dach.
Sie arbeiten über das 62. Lebensjahr hinaus.
Sie sind ein schwacher Essen.

Sie frühstücken regelmäßig.
Sie haben Sozialkontakte neben Ihrem/r Lebensgefährten/in.
Die oben genannten Faktoren verlängern alle die Lebenserwartung.

- **Fügen Sie ein »Minus«-Zeichen zu Ihrem prognostizierten Lebensalter hinzu, wenn einer der folgenden Punkte auf Sie zutrifft**
Blutdruck über 140/90.
Cholesterin über 200.
Es dauert lange, bis Sie sich nach körperlicher Anstrengung erholt haben.
Sie sind anämisch.
Sie sind häufiger krank, als man es in Ihrem Alter normalerweise ist.
Sie geraten leicht außer Atem.
Ihr Ruhepuls ist höher als 80 Schläge pro Minute.
Sie sind ein starker Esser.
Sie frühstücken nicht regelmäßig.
Sie haben neben Ihrem Partner/in keine sozialen Kontakte.

Wie lange können wir leben?

Das Lebensalter des Menschen ist im vorigen Jahrhundert rapide angestiegen. Die höhere Lebenserwartung ist größtenteils auf die Erfolge bei der Krankheitsvorsorge und verbesserte Heilmethoden zurückzuführen. Die Lebenserwartung wird weiter zunehmen, je mehr Fortschritte die Medizin macht. Mehr noch: Die Voraussagen lauten, daß Männer im Jahre 2000 in den hochentwickelten Ländern bis weit ins neunte Lebensjahrzehnt leben, und Frauen über 90 Jahre alt werden. Jahrelang glaubte man, das maximale Lebensalter des Menschen betrüge 110 Jahre. In der nahen Zukunft versprechen die neuen, dem Alterungsprozeß entgegenwirkenden Lebensweisen und die sich schon jetzt abzeichnenden neuen Heilverfahren diese bislang angenommene biologische Grenze nachhaltig zu überschreiten und das Lebensalter des Menschen somit erheblich zu verlängern.

Jungbrunnen

Mit unserer allgemeinen Ernährung nehmen wir Einfluß darauf, ob wir kürzer oder länger leben werden. Die Zahlen der Sterbefälle infolge von Herzkrankheiten sowie manchen Krebsarten sinken bereits, da wir uns gesünder ernähren. Bestimmte Vitamine, etwa Vitamin A, sind bereits eindeutig mit dem Schutz vor einigen Formen von Lungen- und Zwölffingerdarmkrebs in Verbindung gebracht worden, und die Vermeidung gesättigter Fettsäuren hat zu einer deutlichen Verringerung der Zahl der Herzerkrankungen geführt.

Wie auch andere Untersuchungen nachgewiesen haben, wirkt es schon lebensverlängernd, wenn wir weniger essen. Wie Forschungen an Versuchs-Ratten ergaben, leben unterernährte Ratten dreimal länger als ihre gut genährten Artgenossen. Zudem scheint dieser Langlebigkeits-Faktor sich unabhängig davon auszuwirken, in welchem Alter man die Ratte auf Diät setzt. Auch beim Menschen wirkt nach Ansicht von Wissenschaftlern eine kalorienarme Ernährung lebensverlängernd.

Lebensretter

Schon heute ist es aufgrund der Fortschritte der Medizin möglich, Blut, Spermien, Nerven, Venen, Knochen, Aortenklappen, Bindegewebe, Knorpel, Sehnen, Haut, Knochenmark, Augen sowie die Dura mater (die äußere Hülle des Gehirns) aufzubewahren, um sie später zu verwenden. Hirngewebe und andere höher entwickelte Organe können für eine Vielzahl medizinischer Verwendungsweisen mehrere Stunden aufgehoben werden. Zudem wird erwartet, daß sich diese Lagerzeiten mit zunehmender Verbesserung der Konservierungstechniken noch verlängern lassen.

Infolge der Entwicklung neuartiger Medikamente, die die Abstoßung der transplantierten Organe unterdrücken, wird die Ersetzung der defekten Organe durch gesunde immer mehr zur Normalität werden. Organtransplantationen können sich in Zukunft durchaus zu einer der wichtigsten lebensverlängernden Maßnahmen entwickeln. Darüber hinaus werden die weiteren Fortschritte in der bio-medizinischen Forschung womöglich Millionen von uns gestatten, verbrauchte oder beschädigte Körperteile durch künstliche Ersatzteile zu ersetzen. Vor 2 Jahrzehnten noch boten künstliche Organe lediglich einen vorübergehenden Ersatz und wurden nur in Notfällen eingesetzt. Doch bereits heute sind künstliche Gelenke, Herzschrittmacher und Augenlinsen-Implantate praktisch ein dauerhafter Ersatz, mit dessen Unterstützung sein Benutzer ein nahezu normales Leben führen kann. In den nächsten Jahren dürfen wir mit stark verbesserten Ersatzteilen rechnen. Vielleicht erleben wir ja noch das Aufkommen eines wirklich funktionstüchtigen Herzens, eines hochempfindlichen Ohres, das die Taubheit besiegt, oder einer künstlichen Bauchspeicheldrüse, die das Leben des Zuckerpatienten um Jahre verlängert.

Und wer weiß – womöglich können auch Sie schon bald aufgrund der fortgeschrittenen Operations- und Transplantationsverfahren sich einen ganz normalen Kompaß einsetzen lassen, wenn Sie zu den Menschen gehören, die die ursprünglich vorhandene Orientierungsfähigkeit nicht mehr besitzen. Alles Gute!